中国工业
节能技术创新研究

Research on Industrial Energy-saving Technological Innovation in China

吴滨 著

U0226411

经济管理出版社
ECONOMY & MANAGEMENT PUBLISHING HOUSE

图书在版编目（CIP）数据

中国工业节能技术创新研究/吴滨著. —北京：经济管理出版社，2015.12
ISBN 978-7-5096-4184-2

Ⅰ.①中…　Ⅱ.①吴…　Ⅲ.①工业—节能—技术革新—研究—中国　Ⅳ.①TK01

中国版本图书馆 CIP 数据核字（2015）第 307489 号

组稿编辑：杨国强
责任编辑：杨国强　张瑞军
责任印制：司东翔
责任校对：张　青

出版发行：经济管理出版社
　　　　　（北京市海淀区北蜂窝 8 号中雅大厦 A 座 11 层　100038）
网　　　址：www. E-mp. com. cn
电　　　话：（010）51915602
印　　　刷：北京九州迅驰传媒文化有限公司
经　　　销：新华书店
开　　　本：710mm×1000mm/16
印　　　张：13
字　　　数：169 千字
版　　　次：2015 年 12 月第 1 版　2015 年 12 月第 1 次印刷
书　　　号：ISBN 978-7-5096-4184-2
定　　　价：48.00 元

目　录

第一章　导　论 ··· 001

　第一节　研究背景 ··· 001

　　一、技术创新是解决我国能源问题的重要途径 ··········· 002

　　二、工业部门是我国能源问题的焦点 ··················· 006

　　三、我国工业节能技术创新潜力巨大 ··················· 009

　第二节　国内外研究回顾 ····································· 013

　　一、结果论研究路径 ································· 015

　　二、机制论研究路径 ································· 021

　　三、两种路径的比较及评述 ······················· 030

　第三节　研究范畴及研究思路 ····························· 031

　　一、相关假定与研究范畴 ························· 031

　　二、研究思路及研究方法 ························· 033

　第四节　研究的创新与不足 ····························· 035

第二章　节能技术创新概念及理论 ····················· 037

　第一节　工业节能技术创新的概念界定 ············· 038

　　一、技术创新理论发展简介 ····················· 038

　　二、工业节能技术创新概念界定 ················· 041

　　三、工业节能技术创新的测度 ··················· 045

　第二节　工业节能技术创新的特征及研究框架分析 ··········· 047

一、工业节能技术创新的特征分析 ……………………… 048

二、工业节能技术创新的研究框架 ……………………… 051

第三节 工业节能技术创新的模型发展 ……………………… 053

一、从"自下而上"到"自上而下" ……………………… 053

二、油灰—黏土模型扩展之一 ……………………… 057

三、油灰—黏土模型扩展之二 ……………………… 060

第三章 能源价格与工业节能技术创新 ……………………… 063

第一节 我国工业节能技术创新的价格引致研究 ……… 064

一、我国能源相对价格变化趋势 ……………………… 064

二、相关经验研究介绍 ……………………… 067

第二节 我国能源价格的表现及国际比较研究 ……… 071

一、我国能源价格的变化趋势分析 ……………………… 071

二、能源价格的国际比较研究 ……………………… 073

三、能源价格机制改革直接作用空间分析 …………… 077

四、国际能源价格上涨的作用分析 ……………………… 078

第三节 制约我国工业节能技术创新的能源价格

机制因素 ……………………… 080

一、中国能源价格机制的演变与现状 …………… 081

二、现有能源价格机制中存在的主要问题 ………… 085

第四章 市场结构与工业节能技术创新 ……………………… 089

第一节 市场结构与工业节能技术创新关系的理论分析 …… 089

一、市场结构与技术创新的研究简介 …………… 090

二、工业节能技术创新中市场结构的影响 ………… 092

第二节 产业集中度与工业节能技术创新的经验研究 ……… 097

一、我国工业行业产业集中度分析 …………… 097

二、我国工业行业能源效率分析 ……………………… 100

三、产业集中度与工业节能技术创新的关系 …………… 103

四、补充分析：以能源为原料行业的节能技术创新 …… 107

第三节　企业规模与工业节能技术创新研究 …………… 108

一、中小企业能源利用效率 …………………………… 108

二、大型企业与中型企业比较研究 …………………… 109

三、不同规模企业节能技术创新潜力 ………………… 111

第四节　制约我国工业节能技术创新的市场结构因素 ……… 112

一、主要高耗能工业行业相对集中度过高是制约我国工业

节能技术创新的重要因素 ………………………… 112

二、大企业工业节能技术创新面对激励和规模双重制约 …… 112

三、能力问题是制约我国中小型企业节能技术创新的

主要因素 …………………………………………… 114

四、部分行业的行政垄断制约我国工业节能技术创新 …… 114

第五章　工业投资与节能技术创新 ……………………… 117

第一节　我国工业投资的能源技术效率分析 …………… 117

一、模型设定与方法介绍 ……………………………… 117

二、行业归类与数据来源 ……………………………… 121

三、实证研究结果分析 ………………………………… 124

第二节　我国工业投资周期及节能技术创新的迫切性 ……… 127

一、我国工业投资周期分析 …………………………… 127

二、我国节能技术创新的迫切性分析 ………………… 130

三、淘汰落后产能：工业节能技术创新的保障 ……… 133

第三节　能源技术低水平重复建设的表现与成因 ……… 135

一、近年来我国能源技术低水平重复建设的表现 ……… 135

二、我国能源技术低水平重复建设的成因 …………… 137

第六章　政府行为与工业节能技术创新 ···················· 141

　第一节　能源环境税与工业节能技术创新 ················ 142

　　一、能源环境税在工业节能技术创新中的作用 ·········· 142

　　二、国外能源环境税制度的建立与发展 ·············· 145

　　三、我国能源环境税制度现状及问题 ················ 147

　第二节　政府投入与工业节能技术创新 ················ 150

　　一、政府节能技术创新投入的理论依据 ·············· 150

　　二、国外政府工业节能技术创新投入政策 ············ 153

　　三、我国政府节能技术创新投入现状研究 ············ 157

　第三节　政府节能技术创新信息平台建设 ·············· 160

　　一、工业节能技术创新中的信息问题 ················ 160

　　二、我国节能技术创新信息服务政策 ················ 163

第七章　工业节能技术创新体系 ····················· 167

　第一节　技术创新体系理论与实践 ··················· 167

　　一、国家创新体系、部门（产业）创新体系、
　　　　技术体系 ··························· 168

　　二、创新体系在节能技术创新领域的应用 ············ 171

　第二节　建立我国工业节能技术创新体系的若干建议 ········ 173

参考文献 ································· 179

第一章 导 论

第一节 研究背景

  20 世纪中期以来，科学技术在经济和社会发展中的作用越来越突出，与之相应，技术创新理论（创新经济学）受到了普遍关注，相关研究取得了长足的进步，新增长理论、演化经济学、制度经济学均对技术创新理论做出了新的贡献。但就技术创新理论而言，基于效率的生产要素与产出关系的研究始终是技术创新理论的重要内容之一，正如熊彼特（1934）所说："生产意味着把我们所能支配的原材料和力量组合起来，生产其他的东西，或者用不同的方法生产相同的东西，意味着以不同的方式把这些原材料和力量组合起来。"① 作为技术创新领域的一种具体形式，节能技术创新的研究是将生产过程中的能源消耗作为主要对象，探讨如何在生产过程中消耗更少的能源或如何在既定能源消耗下获得更多的产出。目前，我国能源消耗增长迅速、环境污染日趋严重，能源环境问题已经成为我国经济社会进一步发展

---

  ① ［美］约瑟夫·熊彼特：《经济发展理论——对于利润、资本、信贷、利息和经济周期的考察》，何畏等译，商务印书馆 2000 年版。

的重要制约因素。基于上述含义，节能技术创新是解决我国能源与环境问题的主要途径之一，对我国经济社会稳定和谐地发展具有重要现实意义。

一、技术创新是解决我国能源问题的重要途径

改革开放以来，中国经济社会发展取得了举世瞩目的成就，经济保持了长达 30 多年的持续稳定增长，经济总量大幅增加，2005 年国内生产总值约为 1978 年的 12 倍。在经济高速增长的同时，与世界大多数国家一样，中国面临越来越严重的能源与环境问题。2005 年中国能源消费总量为 22.3 亿吨标准煤，约为 1978 年的 5.7 亿吨标准煤的 3.9 倍。30 多年来，我国的能源消费结构并未发生根本性变化，尽管资源消耗低的水电、核电与风电的比重有所提升，2005 年比 1978 年提高了 3.8 个百分点，但煤炭和石油依然为我国能源消费的主体，2005 年占一次能源消费的 89.9%，仅比 1978 年下降了 3.5 个百分点。与能源消费高速增长相对，我国能源资源总量虽然较大，但资源结构严重不均，未来经济发展急需的石油、天然气储量较低（见表 1-1），加之我国人口众多，人均资源数量明显低于世界平均水平（见表 1-2）。在能源消费大幅度增长的背景下，我国能源进口量大幅度提升，20 世纪 90 年代中期，我国属于能源净输出国，然而从 1997 年开始我国成为能源净进口国，能源进口数量不断增加，2005 年能源进口量达 2.70 亿吨标准煤，净进口 1.55 亿吨标准煤。尽管进口数量相对我国能源整体消费数量来说并不大，但石油的对外依存已经较为明显，2005 年我国石油消费为 4.69 亿吨标准煤，对外依存度高达 44.88%，较 1995 年的不足 7.6% 上升了近 37 个百分点。与能源问题相伴，我国也面临着日益严重的环境问题。近年来，我国环境污染不断加剧，2005 年我国工业废气排放量达 26.90 万亿标准立方米，工业固体废物产生量为 13.44 亿吨，分别是 2001 年的 1.67 倍和 1.51 倍。我国环境状况日趋恶化，二氧化碳的大量排放、酸雨的大范围肆虐均给我国造成极大损失。

环境污染不仅降低了人们的生活质量而且直接影响了我国经济发展，环境问题已经成为一个无法回避的问题。未来一段时期，我国面临的环境压力将更大，据美国 EIA 预测，2001~2025 年，我国二氧化碳的排放量将以年均 3.3% 的速度增长，增长速度居世界之首。

表 1-1 截至 2006 年底中国常规能源资源储量

	煤炭探明储量（亿吨）	储采比	石油探明储量（亿吨）	储采比	天然气探明储量（万亿立方米）	储采比
中国	1145	48	22	12.1	2.45	41.8
世界	9090.64	147	1645	40.5	181.46	63.3
中国占世界比例（%）	0.126		0.013		0.013	

资料来源：BP Statistical Review of World Energy June 2007，http://www.bp.com。

表 1-2 中国人均常规能源资源

	煤炭（吨）	石油（吨）	天然气（立方米）
中国人均探明储量	88.35	1.77	1720.68
世界人均探明储量	142.82	25.44	28205.81
占世界比例（%）	61.86	6.98	6.10

资料来源：依据 BP Statistical Review of World Energy June 2005 和《中国统计年鉴 2006》计算。

日益突出的能源与环境问题不仅是我国未来发展的重要制约因素，而且也成为少数国家散布"中国威胁论"的重要证据，其认为中国将成为世界能源的"掠夺者"，是全球变暖的主要"责任人"。姑且不提"中国威胁论"的政治含义，但就经济角度而言，这种说法明显站不住脚。虽然能源消费量是衡量一个国家能源消耗的重要指标，但能源效率是更为重要的指标，因为能源效率将经济发展与能源消费结合起来，体现了能源利用水平和能力。改革开放以来，在经济保持持续高速增长的同时，中国能源强度[①]大幅度下降，2005 年能源强度仅为 1978 年的 32%，特别是 2002 年之前持续稳定下降（见图 1-1）。以 1978 年不变价格计算，2002 年中国能源强度为 4.64 万吨标准煤/亿元，较

① 能源强度为能源利用效率的倒数，即为单位 GDP 能源消耗。

1978年下降了70%。以往的国际经验表明，一个国家经济增长与能源强度的关系一般表现为倒V形，即在经济增长的初期，能源强度呈现上升趋势，经济增长到一定时期后，能源强度才转为下降。中国在长达20年高速增长的同时，能源强度不断下降的事实似乎成为一个"谜"。据此，国外部分学者对中国统计数据的真实性提出了质疑（Rawski，2001；Sinton，2000，2001），认为中国存在GDP高估或者能源消费的低估。针对上述质疑，国内学者进行批评和解释，史丹（2002）指出，不考虑能源效率变化，单单依靠能源消费推算GDP缺乏合理性，同时即使存在能源生产企业瞒报和漏报产量的倾向，但出于税收考虑，能源消费企业并不存在瞒报能源消费的动机。作为一个人口众多的改革中的大国，中国的发展是史无前例的，出现一些特有现象也属正常。众多学者对中国能源强度变化进行研究，普遍认为中国能源强度持续下降主要归结于技术水平提高、产业结构调整和经济体制改革。尽管存在争论，但中国能源效率提高的事实是对"中国威胁论"的有力回击。

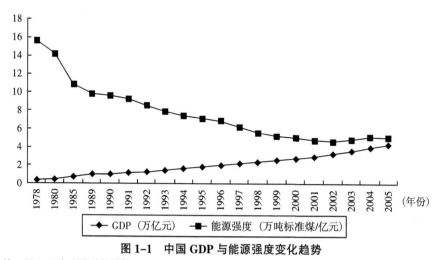

图1-1 中国GDP与能源强度变化趋势

注：以1978年不变价格计算。

资料来源：依据《中国统计年鉴2006》数据计算。

作为负责任的大国，中国提出了科学发展观，力主在经济适度增长的同时，实现经济、社会、环境与自然的和谐发展。在我国"第十一个五年计划纲要"中，能源利用效率被作为一项重要发展目标，而且是约束性指标，纲要提出，"十一五"期间我国能源强度要下降20%。能源效率提高是解决我国能源环境问题的重要途径。然而就现实来看，完成"十一五"规划的目标要求依然任重道远。2003年以来我国能源效率出现了下降的趋势，主要表现为能源强度小幅提升，2005年能源强度较2002年上升了10%左右。因此，如何持续提高能源强度是我国面临的重要现实问题。

一般而言，提高能源效率主要有两条途径：结构调整和技术进步。结构调整是指调整不同行业的比例，通过降低高耗能行业比重来提高经济整体的能源效率，其逻辑起点是技术特征不同的行业之间能源效率存在明显差异。技术进步则通过提高技术水平以降低能源消耗，主要表现为行业本身能源效率的提高。由此可见，结构调整主要关注行业比例关系，而技术进步更加注重行业能源技术水平的提高。依据库兹涅茨、霍夫曼、钱纳里等学者总结的产业发展经验，在消费、劳动力以及资本的共同作用下，一个国家产业结构变化具有明显的客观规律性。1999年开始，我国重工业增长速度再次超越轻工业，出现了新一轮重工业化趋势，特别是2003年以来，重工业化趋势更加明显，2003年规模以上重工业增速为18.6%，轻工业增速为14.5%，重工业增速超过轻工业4个百分点。关于这一轮重工业化的特点，郭克莎（2004，2005）指出：根据工业化的有关理论和经验，工业结构的演进一般要经历重工业化、高加工度化和技术集约化三个阶段。进一步分析可以发现，这三个阶段中分别包含了不同的发展时期，就重工业化阶段而言，可分为以原材料工业为重心和以重加工工业为重心两个时期，后一个时期同时也是高加工度化的一个时期。近几年出现的重工业化趋势，实质上是重工业化阶段的第二个时期，即以重加工工业为重心的重工业扩张，是重制造化与高加工度化的统一。高加工度化阶段由轻型化向重型化转变，是工业结构升级的表现，而不是工业结构的倒退。至于这一轮重工业化的作用，重加工工业的原材料和能源投入较大，其比重上升又会拉动能源需求更大的原材料工业扩张，这种工业结构变化将增加能源、资源和环境的压力。2003 年以来，我国能源强度有所回升也印证了上述结论。对于本轮重工业化的态度，学术界存在一定争议，部分学者持反对意见（吴敬琏，2004；林毅夫，2004），但多数学者依据产业演化规律认为新一轮重工业化是我国经济发展的必然规律（厉以宁，2004；李佐军，2004；简新华、余江，2004，2005；郭克莎，2005；赵令彬，2005）。笔者较为赞同后者的观点，尽管本轮重工业化有一定的政府推动作用，但其本质是我国工业化进程的需要，正如郭克莎（2005）所指出的一样，"应当顺应而不是否定新的重工业化趋势"。在这种背景下，节能技术创新在提高能源效率中的作用更加突出，是未来一段时期我国能源效率提高的重要途径。

二、工业部门是我国能源问题的焦点

与发达国家经历的一样，生产用能是中国工业化过程中的主要能源消耗，历年数据显示，生活用能在我国能源消费中比重逐年下降，2005 年生活用能比重为 10.48%，比 1990 年下降了 5.5 个百分点。在生产用能中，工业又是能源消费的主要部门。2005 年，工业能源消费占全部能源消费的 70.78%，占生产用能的 79.06%（见表 1-3）。尽管工业用能比重有所波动，但其始终是国民经济中的主要能源消耗部门。更为重要的是 2002 年以来，工业用能比重明显升高，2005 年工业占能源消费总量的比重较 2001 年上升了近 6.3 个百分点。

表 1-3　工业能源消费及比重

年份	1990	1995	2000	2001	2002	2003	2004	2005
能源消费总量（万吨标准煤）	98703	131176	138553	143199	151797	174990	203227	223319
生产用能（万吨标准煤）	82904	115431	122588	126631	134270	155163	181946	199926
生活用能（万吨标准煤）	15799	15745	15965	16568	17527	19827	21281	23393
工业能源消费（万吨标准煤）	67578	96191	95443	92347	104088	121771	143244	158058
工业占能源消费总量的比重（%）	68.47	73.33	68.89	64.49	68.57	69.59	70.48	70.78
工业占生产用能的比重（%）	81.51	83.33	77.86	72.93	77.52	78.48	78.73	79.06

资料来源：依据历年《中国统计年鉴》数据计算。

在工业中，制造业始终是能源消耗的主体，2005 年制造业一次能源消费中，制造业比重为 80.78%，建筑业比重为 8.38%，电力、煤气及水的供应与生产占 10.83%。在细分行业中，能源消耗非常集中，黑色金属冶炼及压延加工业，化学原料及制品制造业，非金属矿物制品业，电力、蒸汽、热水的生产供应业以及石油加工及炼焦业分列工业能耗的前五位，[①] 2005 年 5 个行业能源消耗占工业能耗的 66.44%，为 1994 年以来最高。就变化趋势而言，1994 年以来化学原料及制品制造业和非金属矿物制品业能耗比重虽有波动，但整体呈现下降趋势，而黑色金属冶炼及压延加工业，电力、蒸汽、热水的生产供应业以及石油加工及炼焦业能耗比重呈现上升态势，其中能耗第一大行业黑色金属冶炼及压延加工业上升最为明显，2005 年较 1994 年上升了 5.31 个百分点，如表 1-4 所示。

表 1-4　工业中能耗前十名行业能耗比重

单位：%

年份	1994	1995	1996	1997	1998	1999	2000	2001	2002	2003	2004	2005
采掘业	10.84	10.33	9.86	10.96	11.02	10.23	9.75	10.42	10.00	9.96	8.53	8.38
煤炭采选业	5.44	5.72	5.35	5.79	5.87	4.76	4.28	4.39	4.08	4.43	4.43	4.38
石油和天然气开采业	3.59	2.92	2.72	3.56	3.55	3.89	3.93	4.34	4.34	3.79	2.53	2.38
制造业	81.65	81.47	80.90	77.99	77.97	77.89	72.84	77.92	76.41	76.51	80.47	80.78
纺织业	3.91	3.67	3.32	3.08	3.01	2.76	2.62	2.90	2.87	2.85	3.18	3.15
造纸及纸制品业	2.25	2.22	2.19	1.94	2.03	1.92	1.91	2.10	2.09	1.95	2.15	2.07
石油加工及炼焦业	4.09	5.79	3.65	7.38	7.27	7.80	7.76	8.49	8.15	7.38	8.50	7.52
化学原料及制品制造业	18.44	16.45	20.05	15.69	14.88	14.19	13.31	13.95	13.94	14.05	14.20	14.23
非金属矿物制品业	14.29	13.58	13.70	12.31	12.32	12.07	10.58	10.81	10.21	10.39	12.63	11.93
黑色金属冶炼及压延加工业	17.46	19.27	18.16	18.14	18.02	18.68	17.59	18.56	18.57	19.77	20.74	22.77
有色金属冶炼及压延加工业	2.91	2.95	3.03	3.29	3.59	3.90	3.78	4.22	4.20	4.44	4.47	4.55
电力、煤气及水的生产供应业	7.51	8.19	9.24	11.05	11.01	11.88	11.33	11.66	11.76	11.78	11.01	10.83
电力、蒸汽、热水的生产供应业	6.59	7.33	8.40	10.07	9.90	10.50	10.15	10.53	10.71	10.90	10.18	10.00

资料来源：依据历年《中国统计年鉴》数据计算。

---

① 不同时期行业能耗比重有所变化，排名主要依据 2000 年之后的数据。

如前所述，能源效率是衡量能源消费重要的指标之一，其体现了经济增长与能源消耗之间的关系。从产业能源效率比较来看，工业能源效率最低，主要表现为工业能源强度最高。如表1-5所示，工业能源强度始终高于各个产业及整体能源效率，是我国能源效率的主要影响因素。从变化趋势看，1994~2002年，各产业能源强度呈现下降趋势，2002年开始，三次产业能源强度均明显回升（第三产业能源强度回升始于2003年），其中第二产业回升最为明显，2005年较2001年上升了12.09%，而第一产业与第三产业分别上涨了8.40%和7.10%。第二产业中，建筑业上升最快，上升幅度高达58.04%，工业尽管只上升了10.95%，但考虑到其能源消耗比重较高，其仍为整体能源强度上升的主要拉动力，整体能源强度与工业能源强度数值上的接近性也说明了这一点。在工业中，电力、燃气及水的生产供应业能源强度最高，制造业位居其次，采掘业最低。以当年价格计算，2004年三者分别为2.70万吨标准煤/亿元增加值、2.23万吨标准煤/亿元增加值和1.60万吨标准煤/亿元增加值。同样，综合比较制造业能耗比重和能源强度可知，制造业是工业能源强度的主要影响因素。

表1-5　产业能源强度变化

单位：万吨标准煤/亿元增加值

年份	1994	1995	1996	1997	1998	1999	2000	2001	2002	2003	2004	2005
能源整体强度	7.44	7.16	6.90	6.26	5.57	5.24	5.00	4.77	4.64	4.86	5.13	5.11
第一产业	2.25	2.31	2.29	2.28	2.16	2.12	2.14	2.15	2.22	2.20	2.36	2.33
第二产业	8.59	8.25	7.68	6.91	6.02	5.34	5.17	4.58	4.74	4.92	5.20	5.14
工业	9.06	8.70	8.06	7.23	6.26	5.55	5.31	4.73	4.85	5.03	5.31	5.25
建筑业	1.84	1.62	1.62	1.28	1.61	1.32	1.94	1.23	1.98	1.99	2.10	1.95
第三产业	2.67	2.32	2.35	2.26	2.28	2.29	2.25	2.10	2.05	2.12	2.25	2.25

注：增加值以1978年不变价格计算。
资料来源：依据历年《中国统计年鉴》数据计算。

作为能源消耗最大、能源强度最高的部门，工业能源效率提高对我国能源效率的提高具有重要现实意义。此外，与能耗地位相称，工业污染是我国环境污染的主要原因。2001年以来，我国工业主要污染物排放量均明显增加，特别是 2005 年，工业废水、二氧化硫、固体污染物排放量分别增加了 9.88%、14.62% 和 6.99%。除废水之外，工业二氧化硫及烟尘排放占全部排放的比重均有所上升，2005 年分别高达85.05% 和 80.22%。

表 1-6　工业主要污染物排放数量及比重

年份	2001	2002	2003	2004	2005
工业废水排放量（亿吨）	203	207	212	221.14	243
比重（%）	46.88	47.15	46.19	45.84	46.29
工业二氧化硫排放量（万吨）	1566	1562	1792	1891.4	2168
比重（%）	80.43	81.06	83.00	83.88	85.05
工业烟尘排放量（万吨）	851.9	804	846	887	949
比重（%）	79.63	79.37	80.65	81.00	80.22

资料来源：依据《中国统计年鉴 2006》数据计算。

三、我国工业节能技术创新潜力巨大

改革开放以来，我国在能源效率提高方面取得了巨大成就，但目前我国能源效率仍远低于发达国家及世界平均水平，甚至低于同为发展中大国的印度。如表 1-7 所示，1980~2004 年，世界能源强度由3.94 吨油当量/万亿美元下降至 3.22 吨油当量/万亿美元，下降幅度为18.28%，而我国 2004 年能源强度较 1980 年下降了 67.69%，下降幅度远高于世界平均水平和发达国家。然而，由于我国能源强度基数较大，2004 年我国能源强度仍远高于发达国家，能源强度分别是美国的 3.25倍、日本的 4.29 倍、意大利的 6.42 倍、世界平均水平的 2.68 倍。尽管印度能源强度有所提高，但我国能源强度仍是其 1.59 倍。

表 1-7　部分国家能源强度

单位：吨油当量/万亿美元

年份	1970	1975	1980	1985	1990	1995	2000	2002	2004
美国	5.43	4.84	4.32	3.61	3.42	3.26	2.90	2.80	2.65
日本	3.17	2.81	2.56	2.25	2.19	2.15	2.15	2.05	2.01
德国	3.06	2.82	2.70	2.55	2.09	1.78	1.63	1.62	1.59

续表

年份	1970	1975	1980	1985	1990	1995	2000	2002	2004
英国	3.50	2.87	2.62	2.37	2.12	1.95	1.75	1.68	1.67
法国	2.39	2.09	1.98	1.92	1.79	1.86	1.69	1.71	1.66
意大利	1.94	1.82	1.59	1.46	1.36	1.36	1.39	1.36	1.34
印度	4.38	5.10	5.43	5.88	5.86	6.00	5.80	5.60	5.44
中国	23.96	27.42	26.71	20.90	18.02	12.50	6.82	7.59	8.63
世界	4.35	4.14	3.94	3.75	3.71	3.51	3.16	3.19	3.22

注：GDP 以 1990 年美元不变价核算。

资料来源：依据魏一鸣等的《中国能源报告（2006）——战略与政策研究》数据计算。

　　我国能源效率水平低固然有产业结构和经济增长方式的影响，但工业部门能源技术落后是其中重要原因。就微观产品能源消耗而言，20 世纪 90 年代以来，尽管我国主要工业产品能耗逐年下降，1990~2004 年，我国火电供电能耗、钢可比能耗、水泥综合能耗、电解铝交流能耗、乙烯综合能耗分别下降 11.2%、29.3%、21.9%、7.0%（1990~2003 年）和 36.5%，但目前我国高耗能行业主要产品的单位耗能量仍明显高于国际先进水平。表 1-8 显示了 2004 年我国主要能源密集工业品单位能耗与世界先进水平的差距。生产技术水平落后是我国工业产品能耗高的重要原因之一。以工业用电为例，据中国科学院能源战略研究所（2006）研究，我国电动机技术水平、标准、标识和试验方法均与先进国家存在明显差距，相当于 20 世纪 70 年代国际水平的 Y 系列电机依然是我国电机的主体，在中小电机中占 70%，报告显示如果我国采用 YX 系列高效能电机替代 Y 系列电机，我国在 10 年之内每年可节电 337 亿千瓦。中国科学院另一项研究成果——《中国可持续发展总纲：中国能源与可持续发展》也显示了我国能源技术水平的落后：我国工业锅炉效率比国际先进水平低 15~20 个百分点；中小电动机平均效率为 87% 左右，风机、水泵平均设计效率为 75%，均比国际先进水平低 5 个百分点，系统运行效率低近 20 个百分点；与国外先进水平相比，以天然气为原料的大型合成氨装置平均能耗高出 38.7%，以油为原料的大型合成氨装置能耗高出 25%，以煤为原料的中型装置能耗高出 36.3%；我国平板玻璃生产中主要使用的浮法玻璃窑和垂直引上窑热效率比国际先进水平低 20%~30%，陶瓷生产窑热效率比国外先进水平低得更多，一般仅为国外先进陶瓷生产窑热效率的 25%~33%。该报告综合相关的研究指出，通过技术改造和升级，2010 年与 2000 年相比，我国钢铁、化工和建筑材料等主要耗能行业节能潜力可达 7500万~8900 万吨标准煤。

表 1-8　中国几种能源密集产品能耗国际比较

	中国			世界先进水平
	1990 年	2000 年	2004 年	
火电供电煤耗/(gce/KWh)	427	392	379	312
钢可比能耗（大中型企业）/(kgce/t)	997	784	705	610
水泥综合能耗/(kgce/t)	201.1	181.0	157.0	127.3
电解铝交流电耗/(KWh/t)	16223	15480	15080*	14100
原油加工综合能耗/(kgce/t)	102.5	118.4	112.0	73.0
乙烯综合能耗/(kgce/t)	1580	1125	1004	629
合成氨综合能耗（大型，天然气）/(kgce/t)	1280	1200	1220*	970
烧碱综合能耗（隔膜法）/(kgce/t)	1660	1563	1493	1275
纯碱综合能耗（氨碱法）/(kgce/t)	560	467	455	350
纯碱综合能耗（联碱法）/(kgce/t)	387	313	325	280
电石综合能耗/(kgce/t)	2212	2190	2150	1800
黄磷综合能耗/(kgce/t)	8583	7450	7340	6500

注：①国际先进水平是居世界先进水平的国家和地区的平均值；②* 为 2003 年数据。
资料来源：陈勇等《中国可持续发展总纲：中国能源与可持续发展》，科学出版社 2007 年版。

除了从国际比较来考察我国节能技术创新潜力之外，国内区域之间能源效率差异是另一条路径。中国能源利用效率课题组[1] 对我国区域能源效率差异进行了研究，研究发现我国三大区域之间能源效率存在明显差异，虽然 1995 年以来东部与中部能源效率差异存在缩小趋势，但缩小速度较慢，2005 年东部能源效率仍比中部高 33.44%，而西部地区能源效率与东部和中部差异逐渐扩大，2005 年东部能源效率比

---

[1] 笔者参与的国家自然科学基金课题：我国能源利用效率及其影响因素分析，史丹主持。

西部高 67.79%。以全要素生产率为代表的技术因素在区域差异中的贡献最为突出，1980~2005 年，技术进步因素在东—中部能源效率差异中的贡献为 60.06%，在东—西部差异中的贡献更是高达 83.11%。具体到工业，区域工业能源效率差异也存在明显差距，2005 年全国 31 个省市工业能源强度的均方差为 1.73 吨标准煤/万元增加值，其中广东最低，为 1.08 吨标准煤/万元增加值，宁夏最高，为 9.03 吨标准煤/万元增加值，省市最大差距为 7.95 倍。区域能源效率差异的影响因素有很多，经济发展水平、产业结构等均为重要因素，而且全要素生产率与节能技术进步的含义也存在一定区别，但能源使用技术水平差异依然是其中重要原因。此外，鉴于国家之间与地区之间的差异，在一定意义上，国内能源技术差异更能体现我国节能潜力。

综合来看，无论从国际比较还是从区域比较，我国节能技术潜力巨大。中国能源发展战略与政策研究课题组（2004）分行业对我国工业部门中的高耗能行业进行了逐个节能潜力研究，从节能技术角度估计出我国 2010 年主要工业行业节能潜力，结果表明我国工业具有较大的节能潜力。

表 1-9 工业部门主要耗能行业节能技术及节能潜力

行业和产品	节能技术及措施	2010 年节能潜力（%）
钢铁	降低钢铁比，设备大型化，高炉喷煤粉，淘汰平炉，连铸，干熄焦，余能回收利用，计算机过程控制和能源管理	24
有色金属		
铝	氧化铝强化熔出，电解铝采用大容量预焙槽，锂盐阳极糊	4
铜	炉料精选，发展闪速熔炼炉，回转式精炼炉，高温富氧鼓风，计算机自适应控制	10
建材		
水泥	推广窑外分解，湿法改干法，余热发电，小型回转窑节能技术改造，淘汰土立窑和小型机立窑	13
平板玻璃	改进熔窑保温，熔窑大型化，浮法玻璃窑富氧鼓风，余热回收利用	20
建筑陶瓷	推广辊道窑，改进窑炉保温，采用气体燃料	22
砖	推广隧道窑，利用余热烘干砖坯，发展内燃砖、粉煤灰、煤矸石砖、空心砖	13
化工		

续表

行业和产品	节能技术及措施	2010 年节能潜力（%）
氮肥	发展天然气制氮，大中型装置节能技术改造，小型装置蒸汽自给，淘汰工业落后的小合成氨	引进 11
		国内大中型 18
		国内小型 6
烧碱	推广离子膜法，隔膜法金属阳极槽改为膨胀阳极和活性阳极槽，余热回收利用	隔膜法 4
		离子膜法 2
石化		
炼油	设备大型化，合理利用蒸汽，采用新工艺和高催化剂，能量回收利用，计算机监控	10
乙烯	装置大型化，采用优质原料，改进工艺，用能系统综合优化，强化余热回收利用	24

资料来源：中国能源发展战略与政策研究课题组：《中国能源发展战略与政策研究》，2009 年。

　　综上所述，工业节能是提高我国能源效率的核心工作之一，对于我国经济与社会发展具有重要的现实意义。同时，我国的现实也告诉我们，工业节能任重道远，正如国家发展和改革委员会与科技部联合发布的《中国节能技术政策大纲（2006）》中所指出的，"节能是一项长期的战略任务，也是当前的紧迫任务"。同时，面对我国的现状，大力推进节能技术创新是工业节能的现实选择。因此，深入探索我国工业技术创新中存在的突出问题，并提出符合中国现实的工业节能技术创新之路是一项紧迫而重大的任务。

第二节　国内外研究回顾

　　20 世纪 70 年代之前，能源供应似乎并不会对世界经济发展构成威胁，中东开发出多处优质油田，低价格石油大量进入国际能源市场，加之国际局势日趋稳定，石油运输成本大幅下降，出现了所谓的"1 美元石油时代"，当时能源问题并不是世界各国关注的焦点。然而 20 世纪 70 年代，中东地区的两次战争（中东赎罪日战争和两伊战争）直接导致了世界范围的两次石油危机，同时伴随世界范围能源需求高速增长，能源问题成为困扰世界的主要问题。正如保罗·罗伯茨在《石油的终结》一书中所言："今天环球的能源体系即巨大的生产和供货网络正在力求满足工业化世界的需求，但是却很少达到标准。许多非欧佩克的油田正在呈衰落趋势，即使欧佩克的储量仍然很大，可是这个卡特尔组织缺乏政治稳定性和金融能力，所以不能够用自己的原油迅速地满足世界范围内即将出现的更大需求。"① 与能源问题相伴而来的是环境问题，全球范围的气候变暖成为一个重大的国际问题，《联合国气候变化框架条约》与《京都议定书》的签订反映了各国对于该问题的重视。在上述背景下，技术在解决能源环境问题中的重要作用得到了学术界的广泛认同，其中的原因主要在于能源与原材料在经济过程中的转化主要依靠技术知识水平（Mulder、Reschke、Kemp，1999）。政府间气候变化委员会（IPCC）在《排放情景特别报告》和《第三次评测报告》中指出，在解决未来温室气体减排和气候变化的问题上，技术进步是最重要的决定因素，其作用超过其他所有驱动因素。

节能技术创新并非一个单纯的技术问题，与其他技术一样受到经济及制度等诸多因素的影响。Freeman 等（1988）提出了技术经济范式的概念，其含义是相互关联的产品和工艺、技术创新、组织创新和管理创新的结合，包括全部和大部分经济潜在生产率的数量跃迁和创造非同寻常程度的投资及盈利机会。魏一鸣等（2006）应用技术经济范式的概念将能源技术历史分为三个阶段：第一个阶段为1859 年之前，该阶段的能源技术经济范式为自然增长与技术替代，主要驱动因素为技术驱动；第二个阶段为 1859~1992 年，该阶段的能源技术经济范式为能源危机与技术多样化，主要驱动因素为市场驱动；第三个阶段为 1992 年之后，该阶段能源技术经济范式为面向

---

① ［美］保罗·罗伯茨：《石油的终结：濒临危机的新世界》，吴文忠译，中信出版社 2005 年版。

清洁、可持续能源系统，主要驱动力为政策驱动。上述能源技术经济范式的划分主要是依据能源技术特征的变化，严格意义上的节能技术在 20 世纪 70 年代以后才大量出现，属于能源技术发展的第二阶段和第三阶段。能源危机和环境恶化是节能技术发展的根本原因，以市场供需、政府政策为代表的经济和政治因素在其中发挥着决定性的作用，节能技术发展的这种特性直接导致了节能技术创新研究的复杂性。20 世纪 70 年代以来，在能源环境危机的激励下，在能源技术与技术创新理论发展的推动下，节能技术创新的研究方兴未艾，内容相当繁杂。对节能技术创新研究的分类有很多角度，Mulder 等（1999）主要依据技术创新理论进行分类，其重点研究了新古典技术创新理论与演化经济学技术创新理论在节能领域的应用。鉴于我国研究的现实及论文主题的需要，本书尝试探讨另一种分类思路，主要依据研究对象将节能技术创新的研究分为两类：结果论研究路径与机制论研究路径。

一、结果论研究路径

从发展角度看，新古典经济学理论对技术进步的研究做出了突出的贡献，近期的技术进步理论大都以新古典理论为基础或基准。1957年，索洛提出了新古典增长理论的经验分析方法，即将总产出的增长率分解为要素增长的贡献和技术进步的贡献，提出了著名的"索洛余值"，并以此作为技术进步的主要衡量指标。在经典的新古典经济学理论中，技术进步被认为是长期人均产量增长的主要决定因素，与人口增长率一样，技术进步也被看作是外生变量。基于技术外生的特点，新古典增长理论并未对技术进步本身进行探究，而是将其作为经济发展的一个结果，重点集中于技术进步对经济增长作用的研究以及技术进步本身的测算。延续新古典增长理论的思路，节能技术创新的一条重要研究路径是测度技术进步对整体能源强度影响的大小。能源强度是衡量能源产出效率的指标，其既受到整体技术水平提高的影响，又由能源技术改进直接决定。基于此，结果论研究路径又可以分为广义和狭义两个研究方向：广义研究方向主要探讨整体技术水平对能源强度变化的作用，即延续新古典增长理论的思路，测度全要素生产率及其细分的技术效率和配置效率对能源强度的影响；狭义研究方向则集中于节能技术本身，测算能源强度变化中节能技术进步的贡献。

（一）广义技术进步对能源效率的影响

技术进步是一个经济含义十分广泛的概念，但就本质而言，技术进步主要体现为要素产出效率的提高。作为生产过程中的重要要素投入之一，能源的投入产出效率必然受到经济活动中整体技术水平变化的影响。那么，整体技术水平究竟如何影响能源使用效率呢？在这个问题上，学术界存在明显争论。在新古典增长理论中，技术进步是经济增长的重要动力之一，就物理层面而言，新设备和新生产方式的应用确实能够节约能源，两方面因素结合起来，技术进步对能源效率的提高作用似乎是显而易见的，因此"工程技术专家更加关注技术对能源效率的积极作用"（Bentzen，2004）。然而有研究者对上述观点提出了质疑，Khazzoom（1980，1982，1989）指出，"技术进步提高能源效率而节约了能源，但同时技术进步促进经济的快速增长又对能源产生新的需求，部分地抵消了所节约的能源"，进而提出了所谓的回振效应（Rebound Effect 或者 Take-back）。随着这种思路的进一步发展，能源效率提高对能源使用的作用也受到质疑，"能源效率提高将造成能源消费相对成本下降，从而可能带来能源消耗的增加"成为了回振效应的重要含义（Schipper 等，2000；Bentzen，2004）。[1] 回振效应的实证研究也大量出现，Greening、Greene 和 Difiglio（2000）对回振效应的文献进行归纳，将回振效应归结为直接回振效应、二次能源使用效应、市场

---

① 回振效应更为广泛的含义是探讨能源价格的有效下降引发的能源消费及经济增长问题，这往往被看作是宏观层面回振效应（Brookes L.G.，1990）。

出清价格、数量调整和转换效应。回振效应经验研究的结果也不很一致，既有认为回振效应的作用非常小的结论，也有认为其确实导致能源消费增加的结论（Grubb 等，1995；Brookes，1990，1992，1993；Howarth，

1997；Schipper 等，2000；Bentzen，2004）。目前，国内这方面的文献很少，周勇、林源源（2007）对我国 1978~2004 年技术进步带来的能源消费回振效应进行了研究，结论显示，20 世纪 80 年代我国的回振效应为 78.81%，而 90 年代下降为 55.13%，笔者将回振效应变化归结为技术进步构成的变化。

正是由于回振效应的存在，相比较而言，直接测算整体技术进步对能源效率影响的研究较少（李廉水、周勇，2007）。其实，在一定程度上，整体技术进步对能源效率影响的测度也是对回振效应的检验。全要素生产率是一个相对笼统的概念，其涵盖内容很多，正如索洛（1957）所说"我所使用的'技术进步'一词是对生产函数中任何形式的变更的一种简单表述，例如产量衰减、产量增长、劳动力教育的改进以及所有诸如此类的事物都属于'技术进步'因素"。[①] 因此，目前大多数研究均将全要素生产率分拆为技术效率和配置效率。Boyd、Pang（2000）分析了美国玻璃行业中两个子行业技术进步与能源效率的关系，其采用数据包络法（DEA）计算厂商技术效率，再对技术效率和能源效率进行回归分析，结果显示，厂商生产效率差异在解释能源效率差异方面具有统计意义，平板玻璃行业技术效率 1% 的提高将带来能源效率 1% 以上的提高。具体到我国的现实，李廉水、周勇（2007）采用基于 Malmquist 指数的 DEA 方法将技术进步分解为科技进步、纯技术效率和规模效率，在此基础上，分别对科技进步和技术效率（纯技术效率和规模效率的乘积）与能源效率进行回归分析，从而得出技术进步与能源效率的关系。文章采用我国工业部门的数据，结

---

① ［美］索洛等：《经济增长因素分析》，史清琪等译，商务印书馆 1991 年版。

果显示，技术进步对我国工业能源效率具有显著的正向促进作用，技术进步对能源效率的促进作用更多来自技术效率的贡献，科技进步的作用相对较小，不过科技进步的影响在不断提高。与之类似，史丹（2008）主持的国家自然科学基金项目"中国能源利用效率研究"中，也采用了类似思路研究我国三大区域能源效率差异，其采用了随机前沿生产函数，将能源效率分解为技术效率、前沿技术、资本—能源效率和劳动力—能源效率，分别计算了各种因素对区域能源效率差异的影响。结果显示，全要素生产率差异是区域能源效率差异的最主要影响因素，东—中部地区能源效率差异中，前沿技术作用略为突出，而东—西部差距中，技术效率的贡献更为明显。

（二）节能技术进步对能源效率的影响

广义技术进步的研究思路更多地关注一般意义的技术进步对能源强度的影响，从理论分类角度而言，其更加符合新古典增长理论，但由于广义技术进步的概念过于宽泛，加之回振效应的存在，相关研究缺乏针对性，较难反映节能技术进步的作用。因此，众多学者采取了另一种研究思路，即通过因素分解法直接探讨节能技术进步的影响。在这种研究思路中，技术因素用剔除结构因素的行业能源效率变化表示，从概念上讲，其更加符合节能技术进步的含义。

一般认为，能源强度由经济发展水平、结构因素、技术因素以及制度因素决定，其中产业结构因素和技术因素最为重要，而如何评价二者的贡献对制定相应的节能战略具有重要意义。此外，如前所述，改革开放以来，中国能源强度"违背规律"地持续下降，即所谓"中国能源强度之谜"的出现引起了广泛关注，国外学者纷纷对此进行研究，国内学者也做了大量的工作，力图揭示其中的原因，在一定程度上推动了节能技术进步贡献的研究，用因素分解法探讨结构因素与技术因素对我国能源强度贡献的文章大量出现。

关于我国节能技术进步对能源强度的贡献大小存在争论，吴滨、李为人（2007）[①]将其归为三类：结构主导型、技术主导型和阶段分析型。结构主导型认为产业结构调整是我国能源强度变化的主要原因，其主要代表人物包括 Smil（1990）、Kambara（1992）、路正南（1999）、史丹（1999）、张宗成和周猛（2004）、蒋金（2004）。与结构主导型相对，技术主导型认为技术进步是我国改革开放以来能源强度下降的主因，而且持有这种观点的学者最多。Sun（1998）采用拉氏分解法对中国 1980~1994 年能源强度和能源消费数量进行了研究，文章将能源强度变化的影响因素分解为行业结构因素和行业效率因素，将能源消费数量变化的影响因素分解为行业结构因素、技术进步因素和经济总量因素。结论显示，1980~1994 年，中国能源强度下降归功于以行业效率为代表的节能技术进步，而行业结构因素提高了能源强度，同样，能源消费数量的节约也均归于技术因素。Hu（2005）将弹性系数分析（Elasticity Coefficient Analysis）引入基于投入产出模型的因素分解法中，将代表技术因素的行业能源强度分为用直接消耗系数表示的中间产品行业能源强度（EIIP）和列昂惕夫逆矩阵中元素表示的最终消费的行业能源强度（EIFC），并通过弹性系数将这两种能源强度联系在一起。文章用因素分解法将能源强度变化分解为结构因素、EIIP 变化因素和弹性系数变化因素，并将 1987~1997 年的投入产出表中行业归为 13 个行业进行了分析，结果显示，尽管上述 3 种因素均导致能源强度下降，但下降的主要原因是代表技术进步的 EIIP 变化的贡献，其贡献率高达 99%。吴巧生、成金华（2006）采用因素分解法对我国 1980~2004 年能源强度进行了研究，文章通过简单平均参数微分法（因素分解法的一种）将能源强度分解为技术因素和结构因素，采取六部门行业分类，计算结果显示，1980~2004 年我国能源强度下降主要是各

[①] 关于我国能源强度影响因素研究详细评述参见吴滨、李为人：《中国能源强度变化因素争论与剖析》，《中国社会科学院研究生院学报》，2007 年第 2 期。

部门能源效率提高的结果，结构因素的作用很小，可以忽略不计，而且逐年数据显示，在大部分年份中结构因素起反向作用。此外，在部门技术效率中，工业部门技术效率提高的贡献最突出。持有技术主导观点的学者还包括：Lin 和 Polenske（1995），Garbaccio、Mun S.Ho 和 Jorgenson（1999），Zhang（2001），Shi 和 Polenske（2005），Fisher-Vanden、Jefferson、Ma 和 Xu（2006），王玉潜（2003），韩智勇、魏一鸣和范英（2004，2006），周鸿、林凌（2005），齐志新、陈文颖（2006）等。

阶段分析型是一种较为中和的判断，其认为不同阶段，节能技术进步的作用不同，周勇、李廉水（2006）采用适应性迪氏分解法（AWD）考察了我国 1980~2003 年能源强度的变化。分析结果显示，1981~1990 年，结构因素和技术因素是导致能源强度下降的主要原因，而产业结构的贡献更为突出，贡献率为 58.1%；1991~2001 年，能源强度下降全部是由技术因素造成的，产业结构起到相反的作用；2002~2003 年，结构因素和技术因素均导致能源强度上升。除此之外，史丹（2002）的研究也显示了阶段性的结果。

由于理论含义较为明显，该类研究更多关注方法的探讨。综合来看，该类研究最常使用的方法主要包括因素分解法、描述性统计以及回归分析。比较而言，因素分解法更为直观和简洁，该方法直接将能源强度变化分解，从而能够对影响能源强度变化的因素进行定量分析，同时该方法的数据处理也更为容易，因此，目前无论在国外还是国内，因素分解法已成为分析能源强度变化的主要工具。据 Ang 等（2000）统计，截至 2000 年应用因素分解法研究能源技术进步的文献达 124 篇。由于因素分解法在能源研究领域的重要作用，Ang（1995），Greening 等（1997），Ang 和 Zhang（2000），Liu（2006），Zhou 等（2006）等学者对因素分解法进行了深入研究。在能源领域最为常用的因素分解法主要有两类：指数因素分解法（Index Decomposition，ID）和投入产出分解法（Input-Output Decomposition，IOD）。IOD 是用投入产出表中的直接消耗系数、列昂惕夫逆矩阵对 ID 中的因素进行表示，IOD 可以看成是拉氏指数 ID 的一个更为复杂和精确的版本（Ang 等，2000）。依据具体分解形式，指数因素分解法的基本类型包括拉氏指数法（Laspeyres Index Method）和迪氏指数法（Divisia Index Method）。拉氏指数法的基本思想是，将某一个解释变量的影响表示为在其他解释变量不变情况下该变量变化引起被解释变量的变化量，其本质上是对各个解释变量求微分展开；与拉氏指数法不同，迪氏指数法是在对时间求微分的基础上展开。在上述基本模型的基础上，又出现了精练迪氏方法（Refined Divisia Method）、精练拉氏方法（Refined Laspeyres Method）、基本参数迪氏法（Parametric Divisia Method）、适应性迪氏分解法（AWD）等多种改进模型。

二、机制论研究路径

由前可知，上面的研究主要集中于技术进步对能源效率的影响，重点分析技术进步与能源效率的关系，而对技术进步以及节能技术进步的产生机制并未涉及。与结果论研究路径不同，另一个研究路径更加突出节能技术创新的内在机制，相对研究更加深入和具体，本书将其概括为机制论研究路径。机制论研究路径中，节能技术创新的研究主要包括两个方面：引致创新与"能源效率之谜"。引致创新主要探讨能源价格对节能技术创新的影响；"能源效率之谜"的研究更为广泛，主要通过对"能源效率之谜"的研究来揭示节能技术创新。

（一）节能技术创新的价格引致研究

稀缺资源配置是经济学研究的核心问题，而价格是市场经济条件下资源配置的主要手段，因此价格是市场经济的核心。关于价格对技术创新的影响，经济学很早就进行了研究，最早关注两者之间关系的经济学家是希克斯（1932），其提出了"引致创新"（Induced Innovation）概念，即"要素相对价格的变化自身就是一种发明激励，激励一种特殊类型的发明——引导更加经济地使用变得相对贵的要素"。① 能源价格是节能技术创新激励的重要研究内容，尤其是石油危机导致石油价格大幅上涨之后，"引致创新"成为了节能技术创新领域的重要内容之一。

就狭义方面而言，技术创新更多体现为先进机器、设备、生产线等资本品的应用，因此技术创新与资本联系十分紧密。同样，节能技术创新的价格机制也必然涉及能源与资本的关系。Pindyck 和 Rotemberg（1983）创建了一个模型来衡量上述关系，模型采用超越对数成本函数，要素包括资本、劳动、能源和原材料，其中能源和原材料为灵活可变的，而资本和劳动则为准固定的，同时资本的变化受制于调整成本。他们使用美国制造业 1948~1971 年的数据进行了估计，发现时间序列估计中能源使用弹性较低，而横截面序列估计能源使用弹性较高。由于能源消费具有灵活可变的特性，因此上述模型属于"Putty-Putty"模型。Atkeson 和 Kehoe（1999）将上述模型简化，即忽略原材料要素，并用 CES 生产函数代替超越对数成本函数，并在此基础上构建了所谓"Putty-Clay"模型。与"Putty-Putty"模型中能源消费随时可变不同，"Putty-Clay"模型中每一类型的资本按照不同的固定比例与能源结合，资本组合中包括多种类型的资本，能源消费的调整依赖于资本的调整，而一旦资本组合确定，能源消费将被固定。Atkeson 和 Kehoe 分别应用上述两种模型对美国 1964~1994 年的数据进行时间序列和横截面序列分析，并对两种模型的结果进行了比较研究。他们发现两种模型的结果基本一致，最主要的差别在于横截面序列估计，"Putty-Putty"模型能源价格的持续上升将带来资本存量和产出的剧烈下降，而"Putty-Clay"模型不存在这样的结果。Atkeson 和 Kehoe 认为，造成这种差别的原因在于价格影响机制不同，"Putty-Putty"模型

---

① 柳卸林：《技术创新经济学》，中国经济出版社 1993 年版。

中能源长期调整主要是依靠资本数量的变化；而"Putty-Clay"模型能源与资本关系依赖于资本组合，短期资本与能源是互补的，而长期是可替代的，因此资本对能源价格长期响应以组合变化为主，而非单纯的数量变化。就本质而言，上述两种模型的主要差别在于，"Putty-Putty"模型中能源技术是用资本和能源的固定函数关系表示，而"Putty-Clay"模型中能源技术则体现为生产过程中能源与某种资本的固定投入比率，比较而言，"Putty-Clay"模型中的能源技术更为严格。

关于引致技术创新，部分研究集中讨论具体行业的节能技术创新。Popp（1998）选择了美国食品、造纸、化工、石油冶炼、采石制陶与玻璃、基础材料（又细分为钢铁和铝业）进行了研究，该研究将节能技术创新的影响因素归为两类：由价格决定的需求拉动型（Demand-pull）技术创新和由现存技术决定的技术推动型（Technology-push）技术创新，这两类技术创新分别代表了需求侧和供给侧的影响。研究中，节能技术创新用节能技术专利占技术专利总数的比重表示，需求侧的影响由能源当期与上期价格决定，供给侧的影响由"专利引用数量决定的研究投入的边际生产率"决定。结果显示，能源价格对节能技术创新影响显著，当期价格的能源专利弹性为0.125，上期价格的能源专利弹性为0.462。如果将能源技术分为供给技术与需求技术，价格对供给技术的影响更大，当期价格弹性达1.08。此外，节能技术创新对能源价格反应很快，特别是供给技术。Newell、Jaffe 和 Stavins（1999）选择了美国空调和燃气热水器行业作为研究对象，其采用了类似前沿技术与技术效率的研究思路，引入由生产特征决定的生产模式的概念，在此基础上，将节能技术创新分为三类：全面技术进步（Overall Technological Change）、导向型技术进步（Directional Technological Change）和模式转换（Model Substitution），其中全面技术进步指生产模式的变化，导向型技术进步是初始价格与新模式最优选择所导致的变化，模式转换是指价格变化引起的技术进步。文章使用1958~1993年的数据分别对空调和燃气热水器行业进行研究，研究显示，能源价格变化对技术创新的影响较为显著，特别是 1973 年效率标签制度建立后，能源价格变化对节能技术创新的影响达到 25%~50%。另外，该分析中能源效率用单位电耗制冷量和单位燃气加热量表示。Pizer 等（2002）从基本的技术扩散模型出发，通过假定技术总是可实现的，建立了连接厂商层面节能技术采用与加总能源效率的模型，对美国纸浆与造纸业、塑料业、石油业与钢铁业进行研究，结果显示，能源价格的确对节能技术采用具有相当的影响，但从加总能源效率考虑，即使剧烈的变化也只能使加总能源效率产生延续多年的温和变化，而且还需要企业财务状况良好作为保障。

Alpanda 等（2004）采用校准的动态一般均衡模型计算了 1973~1974 年石油危机对美国股票市场的冲击，该模型的基本机制是能源价格的突然上升将导致旧资本失效，从而引起股票市场价值的崩塌，随着旧资本代表的旧技术渐渐地被更加适应新情况的新技术所代替，旧资本被折旧处理，劳动力逐渐由旧技术向新技术转移，股票市场价值将逐渐恢复，不过这个过程是一个渐进的过程。模型中，新节能技术总是可以得到的，但新技术的获得需要成本，只有企业收益大于这个成本，新技术才会被采用，而 1973~1974 年的石油危机给予企业足够大的激励。

Linn（2006）认为，能源价格上升引起的能源消费数量下降主要由两方面因素决定：要素替代和采用新技术，要素替代主要表示为能源消费量沿能源需求曲线变化，而采用新技术主要来源于新能源需求曲线的引入。为了计算引致节能技术创新效用，Linn 对在位企业与新进入者进行了区分，并假定在位企业并不采用新技术，只能沿原有能源需求曲线的能源价格变化，而新进入企业则依照现有情况选择新技术，其对能源价格的响应包含要素替代与技术创新两部分。在假定进入者与在位者具有相同的替代弹性的情况下，引致节能技术进步可以用新旧企业能源效率的价格弹性之差来衡量。相对"Putty-Clay"模型，该模型更加灵活，因为厂商采用技术后可以调节能源与资本的比例。文章对美国 1963~1997 年制造业数据进行分析，结果显示，能源价格 1%的增长导致进入者与在位者相对能源效率 0.1%的增加，也就是说，能源价格上升 10%引致的节能技术进步导致 1%的能源消费减少，即引致技术进步对能源消费影响很小。

除了上述的研究之外，Kuper 等（1999）建立了一个非对称模型，其假定经济中存在两种技术，一种是劳动密集型技术，另一种为能源密集型技术，假定劳动价格是固定的且可知的，而能源价格是不确定的，因此能源价格的变化和能源价格的不确定性均对企业技术选择产生影响。由于能源价格不确定性的存在，触发节能技术创新的能源价格与触发能源密集型技术创新的能源价格之间存在一个间隙，影响了不同阶段能源使用弹性：当能源价格高时，能源价格超越了此间隙，节能技术对能源价格较为敏感；当能源价格低时，由于不确定性的影响，能源技术转换对能源价格并不敏感。文章使用 1973~1994 年荷兰的数据对上述结论进行了经验研究。

由以上介绍可知，经验分析显示能源价格与节能技术创新具有明显的关联，特别是在长期，同时由于关于节能技术创新的界定不同，以及相应模型的假定条件不同，能源价格对节能技术创新的影响程度略有不同。

（二）"能源效率之谜"与节能技术创新研究

节能技术创新研究中很重要一部分内容源于著名的"能源效率之谜"（Energy Efficiency Paradox 或者 Energy Efficiency Gap）。20 世纪 80 年代以来，国外有学者发现了一个奇怪的现象，即大量现存节能技术在现有价格下对企业来说是成本有效的，但这些技术并没有被广泛采用，如果这些技术被广泛采用，能源效率将会大幅提高（Shama，1983；Meier 等，1983；Ruderman 等，1987；Levine，1994）。后续研究更加强化了这种认识，用净现值（NPV）表示典型节能技术投资的回报率明显项目的风险折扣率（Decanio，1993，1998；Jaffe 等，1994），然而经验研究的结果显示，在这种情况下，厂商对节能技术展示出的仍是较为勉强的态度，进而形成了所谓的"能源效率之谜"。Decanio（1998）将"能源效率之谜"定义为"大量证据显示存在高收益的节能机会，然而体现这种机会的技术并未在整个经济中扩散"。更加明确的定义是"尽管按照利润和风险标准，能源效率技术要优于非能源效率技术，但追求理性行为和经济效应的厂商并未进行能源效率技术项目方面的资本投资"（Kounetas，2007）。"能源效率之谜"引起了学术界的广泛关注，大量解释性研究成果出现，极大丰富了节能技术创新的研究。

尽管大量经验性研究支持了"能源效率之谜"，但也有学者对此提出了异议。虽然对于一类消费者加总分析，节能技术在平均水平上是成本有效的，但由于消费者存在异质性（Heterogeneity），因此某些消费者购买这些节能技术是经济的，但这些技术可能对另一类消费者并非成本有效（Sweeney，1993）；① 大部分节能技术投资都是不可逆的，在节能投资二级市场不存在或者没有很好运转的情况下，这种投资的不可逆性增加了厂商采用新技术的成本（Hassett 等，1993；Metcalf，1994）；节能技术潜力研究忽略了节能设备采用带来的收益损失和额外成本，收益损失指由于产品在技术方面的不可分割性，节能能力提高将降低产品其他性能，额外成本包括信息和搜寻成本等（Nichols，1994）。上述争论隐藏着重要的政策含义，广泛而严重的"能源效率之谜"说明市场存在制约效应函数发挥作用的因素，而这些因素为政府干预提供了充足的证据，相反，如果"能源效率之谜"并不存在或者程度很小，那么市场就不需要政府的相应干预（Golove，1996）。此外，需要说明的是，"能源效率之谜"的质疑与解释界限并不十分清晰，相当多的质疑也被看作是"能源效率之谜"的解释，笔者认为二者的区分主要在于其对政府干预的态度。

---

① Golove W. H., Eto J. H., "Market Barriers to Energy Efficiency: A Critical Reappraisal of the Rationale for Public Policies to Promote Energy Efficiency", 1996, p.13.

节能技术创新涉及多个层面和多个行为主体，因此"能源效率之谜"的相关研究内容较为繁杂，关于"能源效率之谜"解释的分类有很多种。印度学者 Reddy（1990）认为，提高能源效率涉及多个层面，每个层面又包括不同的参与者，按照参与人将提高能源效率的壁垒分为八类：能源消费者、终端设备制造者、终端设备供应者、能源传输生产与配送者、协作生产者、财政机构、政府以及国际援助机构，提出了每种类型壁垒的来源及相应的对策措施。Worrell 等（2001）根据技术扩散的过程与环境将节能技术扩散的壁垒分为决策过程中的壁垒、缺少信息、资金能力有限（特别是发展中国家的中小企业）、缺少专业技术人员和熟练技术工人等。Kounetas（2007）将此类研究大致总结为四个层面：主要集中于市场失灵，强调市场结构、信息问题、不可见成本以及技术不确定性；强调私人信息成本、需求不确定性、折旧率、等级水平、标准、投资动机、环境规制等；更多关注厂商行为，强调厂商规模、所有权结构、财务状况、管理和技术工人缺乏、组织壁垒、厂商年龄、资本役龄等；关注技术和投资本身，包括相对优势、兼容性、测试能力等。相比较而言，将"能源效率之谜"归结为市场失灵（Market Failures）和非市场失灵（Non-market-failures）两类的观点较为普遍，但不同研究者对于这两类研究的理解略有差别。Jaffe 等（1994）认为，市场失灵主要来自信息问题、委托代理问题和价格问题，而非市场失灵主要是成本低估、折旧率低估以及企业的特殊情况等。Golove 等（1996）将市场失灵总结为四个方面：外部性（Externalities）、不完全竞争、公共物品以及不完全信息，而将消费者异质性、新技术扩散的自然特征、风险、隐含成本归为非市场失灵。Sorrell（2000）将"能源效率之谜"的研究分为三类：市场失灵、组织失灵以及理性行为，其中市场失灵包括和能源效率技术相关的公共信息、采用能源效率技术的正外部性、能源服务市场上的逆选择、能源服务市场的道德风险和委托代理关系、能源服务市场的激励分离；组织失灵包括组织能源使用的不完全信息、与组织相关的道德风险与委托代理、组织的激励分离；理性行为包括企业异质性、隐藏成本、风险、资本获得等。①

"能源效率之谜"提出之后，相关的经验分析大量出现。Jaffe 和 Stavins（1994）在技术扩散理论的基础上，融合了信息、价格、委托代理等市场失灵问题，构建了两个建筑市场的节能技术扩散模型：新建筑中节能技术的使用模型，重点分析特定时间是否选择节能技术问题；现存建筑中节能技术的应用，重点分析何时采用节能技术问题。文章使用 1978~1988 年的数据，进行了经验分析，并以此对政策行为进行了检验。分析发现，在新住宅建筑中，委托代理问题、"人为低价格"以及高的折扣率均制约和延迟了新技术的采用；在现存住宅建筑中，住宅所有人对现有能源价格更为敏感，而对未来价格变化并不关注，同样高的折扣率制约了节能技术的采用。文章指出"能源效率之谜"的市场失灵为政府干预提供了相当坚实的依据。Almeida（1998）以法国电机市场为例分析了"能源效率之谜"，首先分析了高效率电机在法国的销售情况，指出在电机市场，的确存在效率缺口，然后又分析了电机市场的结构与电机生产和购买的决策过程，进而得出能源效率缺口的原因。文章区分了市场失灵与市场限制（Market Limits），认为厂商理性决策下的价格信号扭曲及信息不完善为市场失灵，而厂商的有限理性为市场限制。文章认为，法国电机市场既存在市场失灵又存在市场限制，前者主要表现为缺少技术选择的市场透明，后者主要源于终端适用者的非理性决策。与上面分析类似，Lutzenhiser 等（2003）以美国 4 个地区的商业建筑业为例分析了能源效率缺口现象，其认为商业建筑能源效率分析并不能仅局限于设计者本身，而应全方位考虑各方面影响，文章将参与人分为资金提供者、开发商、设计与建筑者、地方与国家法规、房地产服务提供者、使用者。分析认为，

---

① The Allen Consulting Group, "The Energy Efficiency Gap: Market Failures and Policy Options", http://www.aepca.asn.au, 2004, p.5.

建筑行业轻视节能技术的行为是能源效率缺口的主要原因，进而提出应增强建筑行业的能源效率相关性、鼓励消费能源效率项目、加强开发和设计中的标准 3 条解决路径。Kulakowski（1999）使用案例分析的方法，通过对一家非营利机构和一家企业的走访与调查，分析了组织和个人行为对节能技术的影响，其结论显示，高初始成本与人为的能源低价格确实给节能技术创新带来负面影响，除此之外，组织结构、组织流程、组织文化、个人行为均对节能技术创新产生制约。DeGroot等（2001）对荷兰 135 家企业调查数据进行了分析，其结论显示存在更具吸引力的投资机会和资本存量的不完全贬值是阻止企业节能技术投资的重要因素。

除了上述经验检验外，近年来部分学者不断进行模型拓展。Mulder 等（2003）在体现式技术进步（Embodied Technological Change）的基础上，发展了一个节能技术创新的役龄模型（Vintage Model），探讨"能源效率之谜"。该模型包括两个部门：最终产品生产部门和资本生产部门（由多个垄断竞争企业构成）。假定能源与资本是互补的，新旧资本之间是不完全替代的，新资本的生产率依赖投资积累，即"用中学"（Learning-by-using）。通过两个部门企业利润最大化选择行为，指出不同资本役龄互补性以及"用中学"是影响节能技术创新的重要因素。Mulder（2005）应用荷兰数据，通过上述模型与荷兰能源政策分析局的能源需求模型进行对比，进一步验证上述结论。Verhoef 等（2003）应用博弈论的思想构建了节能技术创新的理论模型，模型延续了能源与资本互补的假定，认为技术不变情况下，能源、劳动均按照资本的一定比例使用，同时假定市场中的企业是异质的，在给定价格下进行完全信息博弈，并考虑节能技术创新对产品市场需求以及社会福利的变化。文章分别探讨了能源消费存在外部性和不存在外部性的情况，结果显示，在特定情况下，厂商单独采用节能技术创新有利，而厂商集体采用节能技术则不利，因此厂商可能陷入囚徒困境；节能技术补贴可能导致能源消费增加，而能源税有可能降低节能技术的吸引力。

此外，部分研究者与研究机构努力构建现实意义更强的节能技术创新壁垒框架。Dieperink 等（2004）在已有荷兰热力泵、热电联产以及高效率锅炉的研究基础上，构建以决策过程为中心，由决策者、政府、市场以及社会特征共同决定的节能扩散机制。The Allen Consulting Group（2004）在总结已有研究的基础上，以澳大利亚为研究对象，重点分析了各种壁垒的影响以及相应政策选择，认为最需要政策干预的壁垒包括价格问题、信息问题以及决策参与问题，并以此为依据对澳大利亚相应的政策进行了分析。

三、两种路径的比较及评述

前文较为系统地分析了国内外关于节能技术创新的研究，依据研究对象不同又将相关研究分为结果论路径和机制论路径。在研究内容、

表 1-10 节能技术创新研究两种研究路径比较

	研究内容	关键词	研究层面	理论来源	研究方法	主要争论	国内研究
结果论研究路径	技术创新（节能技术创新）对能源效率的影响	中国能源效率之谜；全要素生产率	宏观、产业	新古典增长理论	因素分解法	主要集中于研究方法	较为丰富
机制论研究路径	节能技术创新的机理	引致性创新；能源效率之谜；市场失灵	宏观、产业、微观	新古典增长理论、新增长理论、演化经济学	方法多样	观点差异较大	较少

资料来源：笔者总结。

研究方法等方面，两种路径存在许多不同，具体如表 1-10 所示。

结果论研究路径主要关注技术进步对能源效率的影响，在其研究中，节能技术创新大都是外生的，研究思路主要体现在新古典增长理论，其研究虽然对政府政策选择具有一定的指导意义，特别是在结构政策与技术创新政策选择方面，但由于研究主要集中于对研究工具的改进，而并未涉及节能技术创新的深层次原因，因此较难提出更为具体的建议。相比之下，机制论研究路径将节能技术创新作为经济发展内生变量，深入探讨节能技术创新的内在机理，不仅更加符合经济理

论的新方向，而且对节能技术创新影响因素的探讨具有更加明确和具体的政策含义。就国内研究看，如前所述，结果论研究较多，研究已经接近国外水平；而机制论研究很少，部分研究（王庆一等，2001；魏一鸣等，2006；杭雷鸣等，2006；杨洁，2007）也大都停留在对国外理论的介绍或较为简单的分析层面，缺乏对我国节能技术创新内在机制的系统研究。造成这种现象的原因，笔者认为主要有两个：一是因为结果论研究路径中，"中国能源效率之谜"是其重要的研究目的之一；二是因为机制论研究对数据要求较高，而我国相关领域的统计制度尚未完全建立。综合来看，对我国节能技术创新机制进行研究，找出其中存在问题具有重要的理论和现实意义。此外，由于机制论研究内容较为庞杂，争论较为激烈，因此探寻适合我国具体情况的研究意义更为明显。正是基于此，本书在国外研究的基础上，对我国节能技术创新的机制进行研究尝试。

第三节　研究范畴及研究思路

沿用机制论路径对我国节能技术创新进行研究具有重要的理论和现实意义，特别是对工业节能技术创新机制的探讨，对于发现我国节能技术创新中存在的问题，顺利完成"十一五"规划，解决我国的能源与环境问题均具有重要的现实意义。在国外已有研究成果的基础上，本书将对此进行较为系统的研究。

一、相关假定与研究范畴

总体而言，本书是对中国工业节能技术创新进行研究，侧重点主要是相关技术创新理论在中国工业领域的应用，重点探寻中国工业节能技术创新中存在的现实问题。作为国民经济的动力和基础，能源在经济运行中地位独特，处于一个复杂的系统之中，这就决定了能源问题研究的复杂性，节能技术创新研究涉及经济领域的多个领域和多个参与者。为了使研究更加清晰，必须进行相应的假定和范畴设定，"对于现存研究模型的层次及其形成的分析结论程度作一个重要的权衡"（Verhoef 等，2003）。

第一，本书以工业行业，特别是高耗能行业为主要研究对象。由前文可知，节能技术创新机制研究包括多个层次，涵盖了宏观、产业及微观层面的研究。本书以行业研究为主，重点探讨宏观和产业层面因素的影响。如多恩布什与费希尔所说"为了理解这些问题，我们必须把经济中的复杂的细节简化成为易于掌握的基本点"，[①] 本研究以理性企业最大化行为为基点，但并不涉及企业内部的组织问题，也就是说，节能技术创新的微观组织壁垒并非本书研究的重点。当然，组织壁垒对于节能技术创新的影响确实存在，集中于宏观和中观层面是为了使本书的研究主题更加突出。此外，本书并非讨论总量意义上的节能技术创新，而更多关注行业的能源效率提高。依照前述因素分解的方法，行业能源效率更加体现技术进步因素的影响。

第二，本书以常规资源为主要研究对象。能源既包括常规能源，也包括可再生能源，如水能、生物质能、风能、太阳能、地热能和海洋能等。与常规能源相比，可再生能源具有环境污染小，可永续利用等特点，是未来能源发展方向。但就现实而言，我国能源消耗仍以常规能源为主，2005 年常规能源消费量占能源消费总量的 92.8%。目前，尽管政府大力支持可再生能源消费，但在一段时期内，常规能源依然是我国能源消费的主力，我国《可再生能源中长期规划》中将可再生能源的目标定为"力争到 2010 年使可再生能源消费量达到能源消费总量的 10% 左右，到 2020 年达到 15% 左右"。此外，考虑到环境因素，常规能源的研究对我国具有较强的现实意义。

_____

① [美] 多恩布什、费希尔：《宏观经济学》，李庆云等译，中国人民大学出版社 1997 年版。

第三，本书所研究的节能技术创新主要是一种渐进式技术创新。依据技术变化强度分类，技术创新可以分为渐进式创新（Incremental Innovation）和根本性创新（Radical Innovation）（傅家骥等，1998）。相对渐进式创新而言，根本性创新指有重大突破的技术创新，其往往产生了一个新的市场或者对市场结构造成重大影响，"会导致宏观和微观层面的不连续"（Garcia 等，2002）。根本性创新的含义决定了其存在更大的不确定性，"根本性创新的本质决定了它很少出现"（Garcia 等，2002）。因此，本书中的节能技术创新中并不考虑重大的颠覆性创新，即不存在彻底改变现有工业生产模式的变革，而特指在现有生产模式下渐进式的创新。

第四，本书的节能技术创新研究侧重需求侧的分析。能源问题的解决依赖两个方面的努力——需求侧和供给侧。本书重点探讨工业能源消费过程中的节能技术创新问题，即能源使用过程中的技术创新。特别需要指出的是，对于能源供给行业，本书的研究更加关注其生产过程中节能技术的应用。这里的需求侧与电力行业所谓的需求侧管理（DSM）不同，电力需求侧管理有广义和狭义之分，广义需求侧管理包括电力用户的节能技术进步，而本书将此归为用电行业的节能技术创新。也就是说，本书中电力和燃气等行业节能技术创新主要体现为行业自身能源消耗过程中新技术的应用。

二、研究思路及研究方法

金碚（2006）指出"让我们的社会更具有技术创新的动力、活力和能力是中国工业现代化的关键因素，进而也是经济和社会发展的基本条件"。[①] 如前所述，相对结果论的研究而言，机制论的研究更加深入，其研究并没有仅停留于结果描述层面，而是深入了节能技术创新

---

① 金碚：《技术创新的动力、活力和能力是中国工业现代化的关键因素》，载秦宇：《中国工业技术创新经济分析》，科学出版社 2006 年版。

内在机理，探寻制约节能技术创新的障碍和问题，从而寻找促进节能技术创新的现实路径。鉴于此，本书主要延续机制论的研究路径，探讨我国工业节能技术创新中存在的问题。

技术创新问题很早就受到经济学家的关注，20世纪中后期又得到了蓬勃发展，大量研究文献出现。但总体上看，技术创新还没有形成较为统一的系统理论。之所以如此，技术创新活动本身的复杂性是重要原因，在某种程度上，人类社会的发展本质是由技术创新推动。技术创新活动涉及经济社会的方方面面，不仅受到市场规律的制约，而且也是市场失灵的主要表现形式之一，技术创新活动的复杂性直接决定了相关研究的多层次性。除此之外，技术创新的多样性也是重要原因，正是由于在经济社会发展中的基础性作用，技术创新包含多种类型，不同产业的技术创新特点不同，不同技术类型的创新特点不同，而这种特点的不同又决定了其内在机制的差异。因此，某种特定类型的技术创新的研究必须基于该技术创新类型特点和特征的分析，由此入手，探寻该技术创新类型的特有机制。

根据上面的分析和本书的研究重点，本书的研究思路如图1-2所示。概括而言，本书的研究思路从工业节能技术创新的概念入手，探讨工业节能技术创新的特征，结合技术创新的一般性理论和现有研究成果，形成工业节能技术创新的研究框架。在此基础上，重点对我国工业节能技术创新进行实证研究，分析我国工业节能技术创新与国外差距，探寻制约我国工业节能技术创新的主要因素，并提出相关的解决方案。

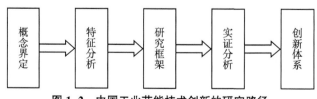

图1-2　中国工业节能技术创新的研究路径

就研究方法而言，本书以实证方法为主，重点探讨我国节能技术创新的现状及其制约因素，并以此为依据提出相关建议。从另一个角度，本书采用理论分析和经验分析相结合的研究方法，即在每一个主要研究部分，首先进行以模型分析为主的理论探讨，然后以此为基础，对我国的实践进行经验分析，进而得出相关的实证结论。理论探讨主要采用理论描述、数量推导等具体方法，部分内容涉及博弈论的基本方法。经验研究主要以描述性统计为主，前文提到的因素分解法也将被采用。

本书的结构如下：第二章主要探讨节能技术创新的概念、测度指标及相关理论，重点分析工业节能技术创新的特征，并据此提出本书的分析框架，形成后续研究的理论基础；第三章至第六章为本书的重点，分别从能源价格、市场结构、工业投资以及政府行为四个方面探讨我国工业节能技术创新的机制，重点分析我国工业节能技术创新机制在上述四方面所存在的不足；第七章在总结前文的基础上，对我国工业节能技术创新体系的构建和完善提出若干建议。

第四节 研究的创新与不足

节能技术创新是一个复杂的问题，国外研究始于 20 世纪 70 年代，取得了大量的研究成果，但总体上看较为庞杂。相对而言，我国的研究还处于起步阶段，研究基础较为薄弱。本书较为系统地对我国工业节能技术创新进行了经济学分析，创新之处主要体现在以下几个方面：从工业节能技术创新的概念和特征入手，提出工业节能技术创新的系统分析框架，在研究思路方面具有一定的开创性；从能源价格上涨对不同类型企业作用的角度，较为详细地探讨了市场结构与工业节能技术创新之间的关系，并用我国工业行业数据进行了实证研究，提出最有利于工业节能技术创新的市场结构类型，在一定程度上弥补了国内相关研究的不足；依照 Putty-Clay 模型的思路，提出验证工业投资能源技术效率的具体方法，并对我国改革开放以来工业投资的能源技术效率进行了实证分析，在研究方法和内容上均有所创新；较为全面地对能源价格、节能技术创新政策进行了国际比较，特别是从作用空间角度分析了我国能源价格机制改革的潜力，对于更加深入了解我国工业节能技术创新激励有所贡献。

获取数据是本书研究的最大困难，我国能源技术统计制度尚不完善，缺乏相关数据，在一定程度上限制了本书的研究。本书中工业节能技术创新的研究主要集中于节能技术使用的效果，一方面由于我国存在大量的节能技术未被采用，另一方面是因为节能技术专利和投入数据的缺乏。此外，历史数据的缺乏也限制了本书实证研究的时间跨度。工业节能技术创新体系相当复杂，由于本书的研究仅限于宏观和产业层面，未能触及工业节能技术创新体系的各领域，特别是还未对企业微观层面的节能技术创新决策问题进行探讨，这些问题仍有待后续研究。

第二章　节能技术创新概念及理论

　　技术问题很早就引起经济学家的关注，在古典经济学中，亚当·斯密就指出技术进步是经济增长的主要源泉之一，并认为技术进步主要是通过分工来实现的，分工是促进生产效率提高的主要原因；古典经济学的另一位大师——大卫·李嘉图同样也注意到技术进步在经济增长中的作用，其认为技术进步主要来源于农业改良和制造业中机器的应用。总体上看，古典增长理论关于技术的论述是相当有限的，正如《新帕尔格雷夫经济学大辞典》所描述的，"尽管斯密强调劳动分工为诱导技术和组织变革的方式，但是，在后续的著作中，除了坚持以农业和制造业两大部门的分离作为技术进步的不同场所外，很少有其他东西保存下来。毫不奇怪，在古典派作用中，没有一个人曾预见到农业生产方法的技术进步会改变靠自然施舍的局面，会消除人们固定不变的观念"。[①] 20 世纪中期以来，技术在经济发展中的作用更加显性化，技术进步与创新理论有了长足的发展，在此基础上，节能技术创新理论日渐成熟。

---

① ［英］约翰·伊特韦尔等：《新帕尔格雷夫经济学大辞典》，陈岱孙等译，经济科学出版社 1996 年版。

第一节 工业节能技术创新的概念界定

技术问题对于经济学研究一直是较为困难的问题，朱克斯等（1956）指出大多数经济学家对技术问题的忽视主要来自三方面的原因：对于技术的陌生、统计数据的缺乏以及关注点的不同。20世纪中期以来，相关理论的发展正在逐渐改变这种情景，朱克斯提出的问题大部分已经得到解决。[①] 但就经济理论发展而言，技术问题始终是存在较多争议的领域，也是促进经济理论发展的重要突破口。

一、技术创新理论发展简介

尽管从经济学出现之初，技术问题已经受到了关注，但最早比较明确地系统阐述技术创新理论的学者公推熊彼特。在熊彼特看来，创新是新组合引入而建立一种新的生产函数的过程，这种新组合包括五种情况，即引进新产品、引进新的生产方法、开辟新市场、控制原材料或半制成品的新供应来源、实现新的组织。由此可见，熊彼特的创新概念含义非常广泛，既包括狭义的技术，又包括组织管理、原材料以及市场等。熊彼特引入创新概念主要的目的是揭示经济发展的规律，在其理论中，创新活动是一种创造性破坏，是造成经济波动和增长的主要原因，强调了企业家在创新活动中的作用。在后续的《资本主义、社会主义和民主》中，熊彼特强调市场结构与企业创新的关系，认为完全竞争与创新不相容，同时认为技术创新内生于经济过程之内。总体来看，熊彼特的理论确实为技术创新经济学做出了开创性贡献。[②]

---

① ［美］多西等：《技术进步与经济理论》，钟学义等译，经济科学出版社1992年版。
② 关于熊彼特的创新理论的评价存在争议，厉以宁（1990）认为熊彼特只是提出了创新理论，但并未专门研究技术创新经济学；而柳卸林（1993）则认为熊彼特的研究是一种典型的技术创新经济学的研究。

　　熊彼特的理论最早出现于 1911 年，此时经济学家们还没有形成"国民生产总值"这一概念，更没有专门的统计数据（Steil 等，2002），因此，并未受到广泛的关注。直到 20 世纪 50 年代，索洛等人的开创性工作从根本上改变了这个局面。在索洛等人的研究中，技术创新（Technological Innovation）被一个宏观加总的称谓技术进步（Technological Change 或者 Technological Progress）所替代。对于这种替代，柳卸林（1993）指出，"首先，我们这里所说的技术创新是总量意义上的，而要计算某一项创新对国民经济的贡献是相当困难的……其次，技术创新对经济增长的影响，只能通过渐进的过程才能充分发挥其潜在的力量。最后，不同时期的创新，不同国家的创新（经由技术引进），会在同一时点对一国经济增长发挥影响"。[①] 关于这种替代，笔者认为，主要是研究的目的有所不同，索洛等人的研究主要集中于技术创新结果对经济增长的作用，而非具体的技术创新的机理。1956 年，索洛与斯旺建立了新古典增长理论的基本模型。模型假定生产函数规模报酬不变，要素边际报酬随着投入量增加而递减，在此基础上得出均衡结果。在索洛—斯旺模型中，技术进步被认为是长期人均产量增长的主要决定因素，但与此同时，与人口增长率一样，技术进步被看作是外生变量。1957 年，索洛提出了新古典增长理论的经验分析方法，即将总产出的增长率分解为要素增长的贡献和技术进步的贡献，提出了著名的"索洛余值"，并以此作为技术进步的主要衡量指标。

　　尽管存在争论，但新古典模型的贡献十分突出，其解决了技术创新宏观测算的问题，借此使得人们更加清晰地认识到技术的作用，从而唤起了经济学家对技术问题的重视。同时，关于此模型的争论也成为经济理论发展的重要思路。新古典增长理论将技术进步看作外生变量，这似乎并不令人满意，许多学者开始探讨如何将技术因素内生化，随即产生了所谓的"内生增长理论"。最早进行这方面努力的是阿罗

_____

[①] 柳卸林：《技术创新经济学》，中国经济出版社 1993 年版。

（1962），其认为劳动投入有效性的增长率是工人生产中经验积累的结果，即所谓"干中学"，因此劳动生产率是厂商投资积累的增函数，同时这种"学习"被看作是公共产品。在技术内生化方面，罗默（1986）做出了开创性工作，其将劳动的有效性明确归结于知识，并认为知识具有明显的外部性，改变了新古典理论中要素报酬递减的假设，进而能够较好解释国家之间经济增长的长期差异。与之类似，卢卡斯（1988）从人力资本角度解释技术进步，与知识不同，人力资本是附着在工人身上的能力、技能和知识，具有竞争性和排他性的特点，不同国家经济增长的差异主要是由于所积累的人力资本不同。[①]

除了技术创新的宏观研究之外，相对微观层次的技术创新研究也大量出现，相比较而言，这些研究对技术创新的分析更为深入，但研究内容和方法较为分散，系统性不强，例如创新行为特性问题，前后共提出了30多种创新特性，但缺乏对各种特性的内涵及其相互关系的研究（傅家骥等，1998）。其中，比较有代表性的研究主要有市场结构对技术创新的影响。尽管熊彼特认为垄断更利于创新，然而后续的经验研究结论并非一直如此，曼斯菲尔德（1963）的研究显示，技术创新与市场结构的关系因行业具体情况而定，同样谢勒尔（1965）的研究也指出，市场集中度与技术进步的关系不明确。[②] 关于企业规模与技术创新的关系论述结论也不一致，Soete（1979）的研究显示了企业规模与R&D强度呈正向关系，但更加大量的研究得出了相反的结论（Shimshoni，1970；Rothwell等，1982），Acs等（1987）的经验分析显示，企业规模与技术创新的关系因行业特征不同而不同。由此可见，关于市场结构的论述很少能支持标准的假设（Kamien，1982），而且相关的经验是冲突的，既有支持技术创新与市场集中度正向关系的研究，也有反对的，还有认为不存在关系的（Cohen等，1989）。此外，企业

[①] 左大培、杨春学：《经济增长理论模型的内生化历程》，中国经济出版社2007年版。
[②] 柳卸林：《技术创新经济学》，中国经济出版社1993年版。

战略、不确定性与技术创新的关系研究也取得了众多成果（弗里曼等，1997）。

就技术创新经济学而言，尽管其研究成果较为丰富，但较为成系统的研究较少，弗里曼等（1997）的《工业创新经济学》是为数不多囊括相关理论的论著。弗里曼将技术创新理论分为微观理论和宏观理论两个部分，微观技术创新部分主要以产业组织理论和企业理论为基础探讨了企业规模、不确定性、企业战略与技术创新之间的关系，宏观技术创新部分则包括技术进步与经济增长及国际贸易、技术扩散等问题，进而将前面的理论较好地统一起来。此外，弗里曼还探讨了公共政策与技术创新。

在技术创新领域，演化经济学具有重要地位。演化经济学同样是在批评新古典理论的基础上发展起来的，但与其他理论不同，演化经济学的批评更为彻底，认为新古典模型不仅本身存在缺陷，而且也未能实现宏观理论与微观理论的协调。演化经济学将生物演化的思想引入经济领域，在有限理性的假定下，提出了所谓"惯例"（Routine）的概念，并将此作为企业决策规则，而且这些规则具有持久性和遗传性，而对惯例进行调整则需要通过"搜寻"过程。此外，演化经济学认为均衡只能是短暂的。在上述基础上，演化经济学提出其宏观模型，认为经济系统沿特定路径演进，强调不确定性、学习效应、不可逆性和路径依赖等（Mulder，2005）。从研究思路上看，演化经济学将"微观经济现象与宏观现象包含于同一种知识框架内"（Nelson、Winter，1982）。

二、工业节能技术创新概念界定

到目前为止，技术创新尚未有统一的定义，不同学者依据自身研究需求进行界定。在宏观层面，技术创新是一个综合的概念，往往被称为技术进步，含义更多地体现了经济效率的变化，即要素产出效率的变化，也可以理解为生产函数的变动。从早期的单要素生产率到后来的指数形式的全要素生产率（Stigler，1947），均体现了这种思想。新古典理论的"索洛余值"更加明确了这种思想，其基本含义是总产出的增长率剔除要素增长的贡献，以此表示技术进步。技术进步的概念侧重于技术创新的结果，其含义较为广泛。近年来，经济学者延续Farrell（1957）将生产效率分解为技术效率和配置效率的思路，尝试对全要素生产率进一步进行分解，技术效率概念被广为应用，其实质是突破了企业完全有效率生产的限定，将企业实际生产与可能最优技术之间的差称作技术效率，而将最优技术的变化称为前沿面的变化（Aigner 等，1968；Charnes 等，1978；Färe 等，1994）。就本质而言，这种分解只是全要素生产率的延续和深入，并未在概念层面有所突破。

与技术进步不同，微观层面的技术创新概念更加丰富，更加关注技术创新是如何形成以及与经济的互动关系。从分类角度看，熊彼特的创新概念属于这种层面。熊彼特之后，20 世纪 50 年代初索洛提出了技术创新的"两步论"：新思想来源和后续阶段发展。曼斯菲尔德在其研究中，将技术创新理解为新工艺或新工艺首次商业引入的过程。与之类似，Utterback（1974）指出技术创新与发明不同，更加强调技术的实际应用和首次采用。弗里曼（1997）强调技术与市场的作用，认为创新是技术与新市场的结合，只有在实现新产品、工序系统、装置的首次商业交易时才算完成。更为宽泛的定义是 Mueser 于 20 世纪80 年代提出的，"技术创新是以其构思新颖性和成功实现为特征的有意义的非连续性事件"。[①] 在微观层面，国内学者也对技术创新的概念进行了界定，柳卸林（1993）将技术创新概念界定为，与新产品的制造、新工艺工程或设备的首次商业应用有关的技术的、设计的、制造及商业的活动。傅家骥等（1998）的概念更加具体，认为"技术创新是企业家抓住市场的潜在盈利机会，以获取商业利益为目标，重新组织生产条件和要素，建立起效能更强、效率更高和费用更低的生产经

[①] 傅家骥等：《技术创新学》，清华大学出版社 1998 年版。

营系统，从而推出新的产品、采用新的生产（工艺）方法、开辟新的市场、获取新的原材料和半成品供应来源或建立企业的新的组织，它是包括科技、组织、商业和金融等一系列活动的综合过程"。[①]

作为技术创新的具体应用，技术创新概念直接影响了节能技术创新概念的界定。然而，就研究现状而言，如前所述，相关经济研究中的节能技术创新概念较为统一，无论微观研究还是宏观研究，大都突出了能源效率的重要性。究其原因，节能技术创新的经济学研究并非技术创新活动本身的研究，提高能源效率是其根本目的，其研究思路是通过技术创新实现能源效率的提高，因此概念上突出能源效率也属必然。此外，数据的可获得性也是重要原因。

早在 20 世纪 30 年代，希克斯就尝试对生产中要素节约进行分类，后经哈罗德、索洛等人完善。在他们的研究中，生产中要素主要包括劳动和资本，技术进步据各要素生产率的变化可以分为三种类型：劳动节约型技术进步、资本节约型技术进步和中性技术进步（Link 等，2003）。如果将能源作为要素之一，节能技术创新在分类上应属于能源节约型技术进步。目前，工业节能技术创新概念最大的争论主要来源于对技术的理解。国际能源署（IEA）在其能源技术研发数据库中，对工业节能技术创新进行如下定义，"包括燃烧在内的工业过程中能源消费的减少，冶金、石化、化工、玻璃、造纸和食品行业的新技术、新的生产过程和新设备的发展"，其对节能技术的理解更加侧重自然技术。国家发展和改革委员会发布的《中国节能技术政策大纲（2006）》中节能技术定义较为宽泛，为"提高能源开发利用效率和效益、减少对环境影响、遏制能源资源浪费的技术。应包括能源资源优化开发利用技术，单项节能改造技术与节能技术的系统集成，节能型的生产工艺、高性能用能设备、可直接或间接减少能源消耗的新材料开发应用技术，以及节约能源、提高用能效率的管理技术等"。从含义上讲，技

---

① 傅家骥等：《技术创新学》，清华大学出版社 1998 年版。

术可分为狭义技术和广义技术，狭义技术只包含自然技术，而未包括管理技术变动。技术创新是一个综合过程，正如弗里曼等所说，"这些新的与科学密切相关的技术的兴起，产生了巨大的经济和社会效应，远远超过了专业的工业研究开发（R&D）本身成长的影响。它不仅改变了开发程序，还改变了生产管理、销售方式、职业培训和经营方式"，[①] 因此，本书认为包含管理技术在内的广义技术更加符合经济研究的需要。

这里，还有两点需要说明：

首先，能源效率的影响因素有多种，既有技术因素，又有结构因素，能源效率提高是一个综合性的结果。所谓结构因素是指，由于生产技术的明显差异，不同行业能源消耗存在"天然"的差别，行业比重变化直接影响整体能源效率的大小。相对而言，剔除生产技术特点差异的行业能源效率更加符合节能技术创新的概念，因此这里的能源效率特指行业能源效率，这也更符合因素分解法关于节能技术进步的理解。

其次，关于能源效率与"节能"的关系。如前所述，关于能源效率提高是否导致能源消费数量的下降存在争论，部分学者基于"回振效应"认为能源效率提高并不能"节能"。笔者认为，尽管从长期和动态来看，能源效率与能源消费并不必然存在严格的反向关系，然而就静态而言，能源效率提高直接影响能源消耗。而且，发展是经济生活的重要目标，以牺牲发展来换取能源消耗的降低有"本末倒置"之嫌，而兼顾发展与环境的能源效率提高更加符合可持续发展的要求。因此，世界能源委员会1979年提出的"节能"定义为"采取技术上可行、经济上合理、环境和社会可接受的一切措施，来提高能源资源的利用效率"。[②]

---

① [英] 弗里曼等：《工业创新经济学》，华宏勋等译，北京大学出版社2004年版。
② 中国能源发展战略与政策研究课题组：《中国能源发展战略与政策研究》，经济科学出版社2004年版。

综合上述分析，本书对工业节能技术创新的理解为：与新技术、新生产过程、新设备、新材料以及新管理技术与方式等广义技术应用相关的工业行业中能源效率的提高过程。

三、工业节能技术创新的测度

与技术创新概念相对应，技术创新的测度也不尽相同。在微观技术创新领域，R&D 支出、R&D 强度、专利数量、专利引用数量、科技论文数量、新产品和新工艺数量常常被用作测度指标，不同学者依据自身研究需要采用一个或多个指标。柳卸林（1993）总结为，"经济学家们常用 R&D 经费、专利作为创新指标；行为科学家、社会学家则喜欢用科技论文数表征创新活动水平。如果目的在于各国创新活动水平的比较，则学者们一般用专利数据作为创新指标。创新研究者则喜欢用新产品、新工艺数作为创新活动水平的指标"。[①] 上述指标虽然确实能够具体反映技术创新的水平，但这些指标也只是技术创新活动的一部分反映，例如 Sutton（1998）在批评将 R&D 强度作为研究技术创新与市场结构关系的主要指标时，指出"单纯的 R&D 强度测量不能作为产业技术特征的充分全面的描述"，而且上述指标往往忽略了广义创新中的管理创新。此外，如果结合 Mueser "成功实现"的观点，上述指标大都可以看作技术创新能力和活力的测度（王伟光等，2003），是通向技术创新最终结果的必然条件，而非技术创新效果的测度指标。

在宏观技术创新领域，要素生产效率是常用的测度指标。要素生产效率分为单要素生产效率和全要素生产效率两种，其中单要素生产效率是衡量单一要素生产能力的指标，最为常用的为劳动生产率指数（McGuckin，1995；Foster 等，1998），而全要素生产率是以"索洛余值"为代表，以及近年来出现的所谓"生产前沿"（Production Frontier）与"技术效率"（Technical Efficiency）等指标（Coelli，1998）。相比微

---

① 柳卸林：《技术创新经济学》，中国经济出版社 1993 年版。

观指标，效率指标更加强调技术创新的结果，充分体现了"成功实现"，但同时效率指标也存在涵盖内容较为广泛的问题。

就节能技术创新研究而言，除了部分学者采用微观指标之外，[①] 无论微观研究还是宏观研究，测量指标较为统一，均为能源效率。[②] 笔者认为，指标的易获得性是重要原因之一。就本质而言，技术创新的结果主要体现于效率提高，但一般意义上的效率在微观层面不但很难获得，而且可比性较差，因此，微观研究大都采用替代指标。反观能源效率指标，无论微观还是宏观均较易获得，且具有较强的可比性，这造成了节能技术创新研究在概念和测度方面均能统一于能源效率之上。目前，存在多种关于能源效率的含义，主要包括经济效率和物理效率，其中节能效率又包括单位产值能耗和能源成本效率，而物理效率包括物理能源效率和单位产品或服务能耗（见图 2-1）。单位产值能耗，即能源强度是国家、地区或行业单位 GDP 或增加值的能源消耗量，是最为常用的指标；能源成本效率更侧重考虑能源使用的费用成本、时间成本和环境成本，较为全面；能源物理效率指使用能源的活动中所得到的其作用的能源量与实际消耗的能源量之比，是开采效率、中间环节效率与终端利用效率乘积；单位产品或服务能耗特指某种具体的产品。

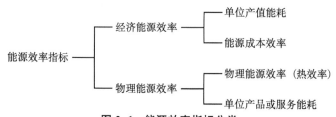

图 2-1　能源效率指标分类

资料来源：王庆一：《中国的能源效率及国际比较》，《节能与环保》，2003 年第 8 期。

---

① Popp（1998，2002）采用专利引用数量作为创新指标，研究了能源价格变动对节能技术创新的影响。
② 这里所说的"统一"，主要是相对于专利、R&D 投入等常用微观技术创新指标而言。同时，在役龄模型中，节能技术创新由资本的能源效率衡量，考虑到资本和产出的关系，资本的能源效率可以理解为能源效率的引申，这里将其归为能源效率。

从实践的角度看，能源强度或单位能耗产值因操作简单、易获得，所以最为常用。在具体行业及产品研究中，也有学者采用单位产品或服务能耗，例如前文提到的 Newell、Jaffe 和 Stavins（1999）采用单位电耗制冷量和单位燃气加热量表示能源效率。从分类角度看，能源强度属于单要素生产效率指标。此外，近期部分学者模仿前沿技术与技术效率分解的方法，提出了所谓的"全要素能源效率"（Total-factor Energy Efficiency）的概念，全要素能源效率是指最优技术条件下的目标能源强度与实际能源强度之比，进而区分了技术前沿的变化与技术效率的变化，Hu 和 Wang（2006）、魏楚等（2007）采用同样的方法——数据包络分析法（DEA）对我国省域能源消费进行研究。笔者认为，尽管"全要素能源效率"分解有助于更加深入地理解能源效率，但也存在明显的缺陷。就其方法而言，技术前沿面是由决策单位（各省）的面板数据拟合得来，潜在假设为不同决策单位具有相同的生产函数，但实际研究中各决策单位（各省）的生产函数具有较大差异。由此可见，将这种相同的技术前沿应用于各决策单位可能会存在一定的偏差，决策单位差异越大，这种偏差越大。如果说各省或地区生产函数还基本接近，则不同行业之间的生产差异就相当明显，因此该方法应用于行业分析存在明显困难。

结合上述分析和本书研究性质，本书中工业节能技术创新主要用工业行业单位能耗增加值，即能源强度的倒数进行测度，部分微观指标将作为节能技术创新能力的体现。

第二节　工业节能技术创新的特征及研究框架分析

工业节能技术创新与一般意义上的技术创新属于一般与特殊的关系，即工业节能技术创新属于通常意义上的技术创新，同时又具有自身的特点，而这种自身特点直接决定了工业节能技术创新的研究方向。

一、工业节能技术创新的特征分析

由前文的分析可知，工业节能技术创新特指工业行业通过新技术、新工艺及新管理方式的创新和采用，提高能源使用效率的活动。结合已有的研究成果，笔者认为工业节能技术创新具有如下特征。

（一）工业节能技术创新是蕴含于工业生产过程中的过程创新

根据技术创新中创新对象不同，技术创新可以分为产品创新（Produce Innovation）和过程创新（Process Innovation），其中产品创新指技术上有变化的产品的商业化，而过程创新指产品的生产技术的变革，它包括新工艺、新设备和新的组织管理方式（傅家骥等，1998）。至于工业节能技术创新属于何种类型，主要取决于工业与能源的关系。按照国家统计局的定义，工业指从事自然资源的开采，对采掘品和农产品进行加工和再加工的物质生产部门。由此可见，工业是以机器和机器体系为劳动工具，从事自然资源的开采，对采掘品和农产品进行加工和再加工的物质生产部门。机器和机器体系是工业生产的主要工具，而能源是这些工具运转的主要动力来源，从这个角度看，能源属于广义的生产工具，其主要职能是为工业生产过程提供动力，从而实现工业对生产对象物质形态转换过程，即工业能源使用主要体现在对产品的加工过程中（金碚，2005）。当然，对于能源采掘和加工业而言，能源资源也是生产对象，但在这里，能源并非是被使用而是被转换，而且开采和转换过程中同样需要消耗能源，相关效率的提高也要依赖于相应生产过程中技术水平的改进。因此，综合来看，工业节能技术创新属于过程创新，反映了工业生产过程中能源消费的减少。

（二）工业节能技术创新是外因主导的"相对独立"的创新活动

一般而言，技术创新的驱动力分为两类：内因驱动和外因驱动。所谓内因驱动是指，由于企业管理者的性格特点及实现抱负的需要，或者新技术的"意外"出现，在不存在外部压力的情况下，企业自发进行的技术创新活动。企业执行的进攻性战略以及新产业的出现均体现了企业内在创新的需要。正是基于此，熊彼特将企业家看作经济发展的根本性动力，即企业家破毁性创新是经济飞跃的本质。相对于内因驱动，外因驱动的技术创新更加被动，往往是由于外部的压力迫使企业进行技术创新活动。至于工业节能技术创新，笔者认为，现阶段其主要动力仍来自外部因素。

首先，工业节能技术创新外因驱动的特点是由工业的本质决定的。从工业发展历史可以看出，工业本质是以机器或机械动力取代人力的过程。Dosi 等（2002）将工业发展的技术变革分为五个阶段：产业革命，蒸汽和铁路时代，钢铁、电力和重型设备时代，石油、汽车和大规模生产时代，信息和通信时代。上述工业发展的每一个时代无不体现了机器或机械动力对人力的替代，正是由于这种替代才使得人类生产效率大幅提高，生活日渐丰富，也使得工业成为人类经济发展的主要推动力。与此同时，机器或机械动力与能源密不可分，机器或机械的动力基础是能源消耗，因此，在很大程度上，现有工业体系的本质是通过能源消耗替代人力的消耗。尽管工业经历了煤炭时代、石油时代和新能源发展的转化，但其能源消耗的本质并没有变化。同时，由于人类对"闲暇"和"享受"的天然偏好，对能够提高效率和替代更多人力的产品有更高的需求。因此，工业的本质和人类需求的特点决定了工业企业更倾向于创造更多替代人力的产品与设备，能源节约的内在动力相对不足。

其次，工业形成过程中低廉的能源价格降低了工业企业节能技术创新的内在动力。在世界工业发展进程中，世界工业发展极不平衡，部分国家率先建成了工业体系，成为了发达国家，而这种工业体系又成为其他国家实现工业化的主要效仿和参照对象。在发达国家建立工业体系过程中，由于大多数国家工业尚未发展或刚刚起步，相对于世界范围能源储量而言，能源消耗比例较小，加之发达国家凭借自身实力在世界范围内掠夺能源资源，能源问题并不突出，因此，能源价格相对低廉，甚至 20 世纪 70 年代之前出现了所谓的"1 美元石油时代"。这种低廉的能源价格在促进发达国家工业发展的同时，也降低了企业节能的意识。尽管"两次石油危机"后，发达国家普遍意识到能源问题的重要性，但以低廉能源价格为基础建立的工业体系产生了许多后续问题。原有的工业体系和生活方式限制了政府提高能源价格的能力，考虑到经济社会的稳定，发达国家对能源价格的调控相对慎重，尽管目前世界各主要发达国家均采取相关政策增加能源使用成本，但其幅度仍不足以使节能技术创新成为工业企业的首选。DeGroot 等（2001）对荷兰企业节能技术创新的调查显示，低于 10% 的投资被用于节能项目，许多企业的理由是存在更好的投资机会。Worrell 等（2001）的研究同样显示，企业将能源作为减少生产成本的途径的意识并不高，成为阻碍节能技术创新的重要因素。此外，原有工业体系的技术积累也降低了企业节能技术创新能力。正如 Cohen 等（1990）指出的企业技术吸收能力是先前知识积累的函数一样，节能技术知识积累的缺乏使得现有企业往往缺少对节能技术的了解，这进一步降低了企业节能技术创新的内在动力。另外，由于主要仿效发达国家的模式，发展中国家企业同样缺少节能技术创新的动力，同时大规模引进发达国家的工业技术也使得发展中国家陷入同样的路径依赖之中。

最后，工业节能技术创新存在的双重外部性也是重要原因之一。所谓的外部性是指经济中某一当事人的行为直接影响到其他当事人的收益，但无须支出（得到）成本（补偿）的现象，这种外部性问题往往很难或无法通过市场机制解决。与一般意义上的技术创新不同，工业节能技术创新包括双重外部性（Jaffe 等，2005）：技术创新的正外部性和环境的负外部性。环境的负外部性表现为企业使用能源的私人成本低于社会成本，市场对企业节能技术创新的激励不足；技术创新的正外部性表现为企业技术创新的私人收益低于社会收益，企业技术创新的动力不足。因此，这种双重外部性的存在大大降低了工业企业节能技术创新的内在动力。

综上所述，工业节能技术创新需要更多外力进行推动。同时，外因主导的特性决定了工业节能技术创新的不同于一般意义过程创新的特点，即具有"相对独立性"。一般意义上的过程创新是整个创新周期的组成部分（Utterback 等，1975；Adner 等，2001），或者更加具体地说，是企业长期创新决策中的一个组成部分（Athey 等，1995），与产品创新直接相关，是企业取得竞争优势的重要手段。节能技术创新大都是能源价格或政府政策引致的结果，属于被动行为，与产品创新并不存在直接的相关关系，不属于企业整个创新计划中的部分。综合来看，节能技术创新是一种相对独立的外因主导的过程创新。

（三）工业节能技术大都固化于工业资本之中，工业节能技术创新往往体现于工业投资活动之中

由前面的讨论还可以引出工业节能技术创新的另一个重要特性，即工业节能技术创新体现于工业资本之中。如前所述，工业生产过程中的能源主要是为了提供动力，而能源产生动力的效率主要依赖于相关的设备，设备选定后，相应的能耗指标就可确定，工业节能技术创新主要表现为包含新节能技术的工业设备的出现和使用。关于节能技术与资本关系的争论由来已久，前文提到的 Putty-Putty 和 Putty-Clay 模型争论的焦点正在于此。从近年研究发展看，越来越多的学者开始支持将节能技术创新体现于资本之中的观点，相应的 Putty-Clay 模型也被更多地采用。Gilchrist 等（2000）估计，Putty-Clay 技术应用占美国全部工业生产的 50%~75%，而在能源密集型产业，这个比重甚至更高。

二、工业节能技术创新的研究框架

前文对工业节能技术创新的特征进行了分析，概括起来，工业节能技术创新是外因主导的、固化于资本之中的相对独立的过程创新，这些特性直接决定了工业节能技术创新的分析框架。首先，与提供新产品、创造新需求的产品创新不同，过程创新主要关注成本问题（Bhoovaraghavan 等，1996；Fritsch 等，2001），因此，成本问题是工业节能技术创新首要考虑的问题，而工业节能技术创新相关政策也应集中于改变企业节能技术创新的成本收益结构。其次，由于现阶段工业节能技术创新仍是外因主导，因此，工业节能技术创新的相关研究应重点探讨外部激励中存在的问题，以期获得提高外部激励的途径，进而将节能技术创新提升为企业的自觉行为。再次，相对独立性决定了工业节能技术创新研究的独立性，即可以形成相对较为独立的研究体系。最后，由于工业节能技术创新具有资本体现性的特点，最终节能技术创新的效果很大程度上由投资决定，因此，工业投资行为是工业节能技术创新研究的重要内容。

根据上述分析，结合国内外关于工业节能技术创新的研究，本书提出如图 2-2 所示的工业节能技术创新的分析框架。依据该框架，工业节能技术创新研究主要包括四个部分：能源价格、市场结构、工业投资和政府行为。能源价格是市场经济条件下，节能技术创新的主要激励因素，能源价格机制的合理性直接决定了工业节能技术创新的强度和效果；市场结构是技术创新领域的另一个重要的外部激励，合理的市场结构有助于形成有利于技术创新的竞争环境，以及提高企业技术创新的能力。如前所述，固化于资本中的工业节能技术创新直接依赖于企业的投资行为，工业投资周期和投资行为分析有利于了解工业节能技术创新发展的现状及其存在的问题。此外，现阶段工业节能技术创新仍属于外因主导，加之双重外部性造成的市场失灵，政府在工业节能技术创新中的作用尤为重要，政府不仅是工业节能技术创新的

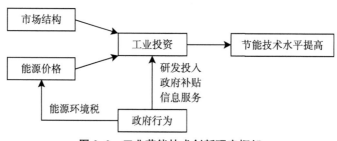

图 2-2　工业节能技术创新研究框架

直接推动力量，同时也是工业节能技术创新中市场失灵扭转和补偿的主要力量，在某种意义上，政府在现阶段工业节能技术创新中具有决定性作用。

第三节　工业节能技术创新的模型发展

自 20 世纪 70 年代以来，节能技术创新理论发展迅速，出现了大量的相关文献，相关理论日渐成熟。同时，由于节能技术创新的特殊性和复杂性，相关文献也较为庞杂，引言中从研究对象角度将其分为结果论和机制论两类，分别进行了概括性介绍。根据本书研究的需要，同时为了更加清晰深入地说明工业节能技术创新研究的最新进展，本节将重点对机制论中的研究进行更为具体的描述。目前，关于节能技术创新研究的模型可以分为两大类：自上而下（Top-down）模型和自下而上（Bottom-up）模型，这两种模型各具特点。相对而言，经济学研究更多属于自上而下（Top-down）模型。在该类模型中，又分为多种具体类型，包括油灰—油灰（Putty-Putty）模型、油灰—黏土（Putty-Clay）模型、黏土—黏土（Clay-Clay）模型等。从近年发展来看，油灰—黏土（Putty-Clay）模型得到了更多学者的青睐，发展迅速。概括而言，油灰—黏土模型发展主要体现在两个方面：一是对节能技术创新描述更加细致；二是新的因素不断加入。

一、从"自下而上"到"自上而下"

20 世纪中后期以来，能源领域的研究蓬勃发展，在这些研究中，有两类研究方法比较突出。第一类研究更加关注具体的节能技术，重点研究企业在节能技术方面的投资行为，借此提出相应的政策建议。由于这类研究较为微观和具体，加之最初多为工程技术人员使用，因此，这类研究通常被称为自下而上（Bottom-up）的研究或工程模型（Engineering Models）。与之相对，第二类研究采用更加宽泛的经济学框架，重视节能技术、能源以及经济整体的互动关系，这类研究大都从较为宏观的角度入手，经济学的方法采用更为广泛，因此，这类研究通常被称为自上而下（Top-down）的研究或经济模型（Economic Models）。引致节能技术创新研究大都属于 Top-down 型研究。而前面提到的"能源效率之谜"大都属于 Bottom-up 型研究。

在 Bottom-up 型的研究中，研究者关注能源系统中的具体技术，其涵盖面非常广泛，既有将一次能源转换成二次能源的能源生产的具体技术，也有能源需求的具体技术。该类型研究属于能源领域的局部均衡模型，其典型的方法是一个最优化问题：如何以最小成本实现能源系统的行为与给定的受到技术和政策约束的最终能源和服务需求相匹配（Böhringer 等，2005），这些需求往往是外生的。因此，Bottom-up 模型可以用来选择满足特定需要和环境标准的成本最小化的能源构成与能源技术。同时，该类模型的不足在于其没有考虑能源系统与经济其他部分的互动关系。比较而言，Top-down 模型考虑更宽范围的均衡，通常使用宏观经济模型以及加总的数据指标。该类模型能够捕捉到更多的能源部门与其他部门之间的相互影响，能源使用不再是指定的，而是经济均衡的结果：考虑到给定商品市场的供给和需求，厂商生产这种商品的能源消费是由能源与其他要素的相对价格决定的，要素选择依赖于他们之间的替代弹性（Bahn 等，2004）。当然，由于是宏观分析，Top-down 模型往往缺少对于现在或未来能源技术选择的具体细节，而这些细节往往与具体能源政策建议的合理评估有关（Böhringer 等，2005）。

基于两种模型的优势和劣势，有观点认为这两种模型在使用上具有互补性，Bottom-up 模型适合新技术的评估与边际成本分析，而 Top-down 模型更适合能源政策宏观影响的分析（Bahn 等，2004）。也有观点认为，这两类模型在分析结论上具有差异，Top-down 模型预测产出增长速度要快于能源技术变化，因此能源需求还将增长，而 Bottom-up 模型中成本有效的节能技术并没有被广泛采用，存在"能源效率之谜"，认为能源消费增长并不会太快。这些分析结果的差异会对能源政策制定造成不利影响，因此，对两种模型进行融合成为未来研究的发展趋势，部分学者进行了这方面的尝试（Müller，2000；Koopmans 等，2001；Böhringer 等，2005）。

Koopmans 等（2001）在其研究中，从效率角度对 Top-down 模型与 Bottom-up 模型之间的差别进行了分析，并提出了两者之间融合的具体方向。如图 2-3 所示，等产量线描述了能源与其他要素产生等量服务效用，其上的 T 代表了技术有效，但同时要考虑其他要素的投入，给定要素价格后，成本最小的是 E 点。如果考虑到未来能源使用，p_e 是未来能源平均折扣价格。Bottom-up 模型经常采用较低的折扣率（5%~8%），那么最优选择为 E 点，而如果采用较高的折扣率（例如25%），那么最优的选择将变为 E*。

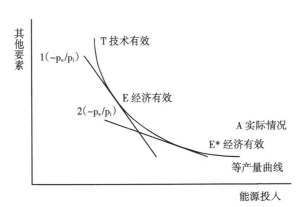

图 2-3　Top-down 模型与 Bottom-up 模型比较

假定实际要素投入为 A 点，Top-down 模型与 Bottom-up 模型之间的差异主要来自对 A 的理解，Bottom-up 模型认为 E 点应该是最优有效的，A 点与 E 点的差距即为"能源效率之谜"；而如果考虑其他因素，诸如市场失灵与非市场失灵等因素的影响，A 点可能是更加合理的，这就形成了 Top-down 模型的理解。因此，Koopmans 等使用了图 2-4 表示从 Bottom-up 模型到 Top-down 模型的过程。

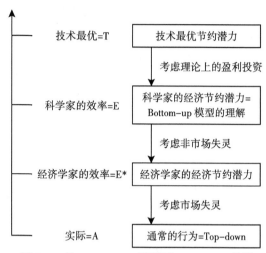

图 2-4 从 Bottom-up 模型到 Top-down 模型

由此可见，Bottom-up 模型与 Top-down 模型具有内在一致性，它们之间的差异主要源于其分析层面的不同。同时，笔者认为，单纯的 Bottom-up 模型与 Top-down 模型都具有明显缺陷：Bottom-up 模型立足于技术层面，忽视了经济因素和非经济因素的影响，是一种理想状态，并不能很好地反映现实情况；而单纯的 Top-down 模型虽然立足经济层面，能够较好地反映现实的真实情况，但由于其方法过于概括，未能反映出制约经济实现 Bottom-up 模型所描述理想状态的原因。就能源经济的研究目的而言，制约 Bottom-up 模型理想状态实现的因素（市场失灵与非市场失灵）固然是现实，但也是我们力图探寻和希望加以改变的问题所在，而这些因素在单纯的 Top-down 模型和 Bottom-up 模型中均无法得到分析。因此，为了探寻制约理想状态的因素，必须在单纯的 Top-down 模型和 Bottom-up 模型中加入相应的影响因素，从而发现这些因素的作用机理，借此提出修正这些因素的建议，大量的"能源效率之谜"的解释性研究属于这个范畴。只有这样，才能实现现实的能源消费由"Top-down"向"Bottom-up"过渡，下面介绍的油灰—黏土（Putty-Clay）模型扩展正是体现了这种研究方向。

二、油灰—黏土模型扩展之一

目前，关于节能技术创新的机制研究很多，并无统一观点，正如 Van Zon 等（2005）所说，"普遍认为技术进步是存在机制的。但在能源经济模型中，即使对于这种机制宽泛的本质也没有一致的观点，遗留下来的只是它的具体细节"。相对较为系统的研究主要来自资本役龄模型相关的体现式技术模型的应用。役龄模型（Vintage Model）最早由 Solow 在 20 世纪 50 年代提出，其基本含义是资本的年限体现了技术进步的水平，一般认为新的资本相对旧的资本更有效率，相对于全要素生产率，这种技术进步往往被称为体现式技术进步（Embodied Technological Change），役龄模型的发展对于后续技术内生化理论的发展具有重要意义（De Mello，1995）。技术体现于资本之中是役龄模型的核心观点，延续该思路必然涉及资本与其他要素之间的关系，如果将能够灵活选择资本并实现资本与其他要素替代称为"油灰"（Putty），反之将不能灵活实现资本与其他要素替代称为"黏土"（Clay），那么依据投资前后资本调整的灵活性，又形成了多种类型体现式技术模型："油灰—油灰"（Putty-Putty）、"油灰—黏土"（Putty-Clay）、"黏土—黏土"（Clay-Clay）等（Van Zon、Lontzek，2005）。依据资本与能源的关系，可以对能源技术进步进行同样的分类，经济学家据此研究能源价格变化与能源技术进步的变化。

依照体现式节能技术模型，能源"Putty-Putty"模型中能源与资本调整相对较为灵活，厂商依据能源价格变化进行相应的调整。为了反映不同要素之间的替代关系，这类模型大都采用超越对数的生产函数。尽管采用方法较为类似，但经验分析结果存在较大差异：时间序列研究显示资本与能源具有互补关系（Berntd、Wood，1975；Pindyck、Rotemberg，1983），横截面数据研究显示资本与能源具有替代关系（Griffin、Gregory，1976；Pindyck，1979）。关于结果之间的差异，

Pindyck（1979）认为，主要来源于周期的差异，时间序列只能测算短期弹性，而横截面数据反映了长期弹性，"我们可能希望发现能源与资本在短期内互补，而在长期是替代的"。然而，Thompson 和 Taylor（1995）并不同意这种看法，他们认为上述研究测算替代弹性的方法（Allen 替代弹性）存在问题，而应采用更为有效的 Morishima 替代弹性（MES）进行测算，并指出"没有证据表明时间序列研究和横截面研究存在差异，证据显示能源和资本是替代的"。

因为"Putty-Putty"的上述问题，有学者采用其他类型的役龄模型研究价格引致问题。典型的 Putty-Clay 模型认为不同资本对应不同比例的能源，而厂商事前（或长期）可以通过改变不同资本类型的比例来改变能源使用，而事后（或短期）资本与能源比例是固定的（Atkeson、Kehoe，1999）。在基础模型之上，部分学者又进行了扩展，进一步区分了要素替代和技术进步。

Linn（2006）构建的模型中将厂商分为进入者和在位者，假定在位者不能采用新技术，[①] 其对能源价格的响应只能沿着需求曲线移动，而进入者的选择则更多，既可以沿需求曲线移动，又可以采用新技术。此外，该模型采用了固定权重价格指数，将能源价格内生，即技术进步同样可以影响需求，进而影响能源价格。下面，对该模型进行简单的介绍。

假定厂商 i 具有如式（2-1）所示的不便替代弹性生产函数（CES 函数），其中 Y_{it} 为 t 时的产出，K_i 为资本存量，L_{it} 为劳动投入，A_i 为全要素生产率，A_i^E 代表能源技术。假定厂商 i 在进入之前就学习到了 A_i，其分布函数为 $G(A_i)$。如果将资本存量标准化后，进入者在 t = 0 时的最大化问题如式（2-2）所示，$E_0\{\}$ 为期望值，P_t、P_t^E、P_t^L、P_0^K 分别为产出、能源、劳动与资本的价格，r 为折旧率，φ 为外生损毁的概

---

① 对于这个假设，Linn 的经验分析显示"没有证据表明在位者采用新技术"，由此可见，该模型描述为能源价格的短期响应。

念，H(A_i^E）为能源技术选择成本。由此可见，能源需求依赖于最初的资本选择，这也是个资本役龄模型，只不过其更加灵活，因为技术确定后，厂商依然可以调整能源资本比。

$$Y_{it} = A_i(\alpha_k K_i^\rho + \alpha_L L_{it}^\rho + \alpha_E (A_i^E E_{it})^\rho)^{1/\rho} \tag{2-1}$$

$$\max_{\{E_{it},L_{it}\}_{t=0}^\infty, A_i^E} E_0 \left\{ \sum_{t=0}^\infty \frac{1}{(1+r+\phi)^t}(p_t Y_{it} - p_t^E E_{it} - p_t^L L_{it}) - H(A_i^E) - p_0^K \right\}$$

$$\text{s.t.} \quad Y_{it} = A_i(\alpha_k + \alpha_L L_{it}^\rho + \alpha_E (A_i^E E_{it})^\rho)^{1/\rho} \tag{2-2}$$

选择了技术 A_i^E 后，厂商每个时期所面临的问题由式（2-3）表示，根据函数的一阶最优条件可以得到能源效率的等式式（2-4），其中 $\tilde{p}_0^E = p_0^E/p$ 为能源真实价格。

$$\max_{\{E_{i0},L_{i0}\}} pY_{i0} - p_0^E E_{i0} - p_0^L L_{i0} \tag{2-3}$$

$$\text{s.t.} \quad Y_{i0} = A_i(\alpha_k + \alpha_L L_{it}^\rho + \alpha_E (A_i^E E_{it})^\rho)^{1/\rho}$$

$$\ln(E_{i0}/Y_{i0}) = \frac{\rho}{1-\rho}\ln A_{i0}^E + \frac{1}{\rho-1}\ln\tilde{p}_0^E + \frac{1}{1-\rho}\ln(\alpha_E) + \frac{\rho}{1-\rho}\ln A_i \tag{2-4}$$

假定能源技术 A_i^E 具有不变的需求弹性，即如式（2-5）所示，其中，β_1 为期望价格的技术弹性。结合式（2-4）与式（2-5），可以得到式（2-6），其中，$\sigma^T = \frac{\rho}{1-\rho}\beta$ 反映了价格引致技术进步，而 σ^s 则代表沿能源需求曲线的移动。

$$\ln A_{i0}^E = \beta_1 \ln\tilde{p}_0^E + \beta_2 \tag{2-5}$$

$$\ln(E_{i0}/Y_{i0}) = \sigma^T \ln\tilde{p}_0^E + \sigma^s \ln\tilde{p}_0^E + \beta_i \tag{2-6}$$

假定价格由最初的 p_0^E 变为 p_1^E，在位企业只能依据原有技术进行调整，如式（2-7），而进入者可以根据现有价格调整技术，如式（2-8）。对于在位者与进入者价格相应的变化，可以得到式（2-9），即为价格引致技术进步。

$$\ln(E_{i1}^I/Y) = \sigma^T \ln \tilde{p}_0^E + \sigma^s \ln \tilde{p}_1^E + \beta_i \qquad (2\text{-}7)$$

$$\ln(E_{i1}^N/Y) = \sigma^T \ln \tilde{p}_1^E + \sigma^s \ln \tilde{p}_1^E + \beta_i \qquad (2\text{-}8)$$

$$\partial \ln(E_{i1}^N/Y_{i1})/\partial \ln(\tilde{p}_1^E) - \partial \ln(E_{i1}^I/Y_{i1})/\partial \ln(\tilde{p}_1^E) = \sigma^T \qquad (2\text{-}9)$$

式（2-9）假定不同技术具有相同的替代弹性，如果放宽这个假设，则进入者与在位者将具有不同的要素替代弹性，两者能源效率变化之差将包含新技术采用以及能源替代的差异，如式（2-10）所示。

$$\partial \ln(E_{i1}^N/Y_{i1})/\partial \ln(\tilde{p}_1^E) - \partial \ln(E_{i1}^I/Y_{i1})/\partial \ln(\tilde{p}_1^E) = \tilde{\sigma}^T + (\tilde{\sigma}^s - \sigma^s) \qquad (2\text{-}10)$$

除了上述方法之外，还有学者根据全要素生产率分解模型，对能源效率进行分解，从而分离出价格引致的影响（Newell、Jaffe、Stavins，1999），其方法并无太多新意，这里不再赘述。

三、油灰—黏土模型扩展之二

除了上述扩展形式，部分经济学家为了更加深入分析节能技术创新机制，采取了另一种思路扩展 Putty-Clay 模型，即在模型中引入市场结构、产品需求等因素。

Verhoef 和 Nijkamp（2003）探讨了异质厂商的节能技术创新问题，文章认为节能技术的采用不仅能够减少污染排放，而且也会使得企业生产过程更为有效，因此，节能技术采用的决策受到外部成本和内部成本的共同影响。该模型的最大特点是异质性和相互作用，即企业是有差别的（大小）且其节能技术选择是相互影响的。文章指出，尽管节能技术创新受到其他市场失灵的影响，但为了集中讨论异质性以及相关政策的影响，一些限制实现最优选择的因素（市场力量、无效劳动市场以及非完美信息）都将被忽略。在其基本模型中，企业使用资本、能源和劳动作为生产要素，资本是准固定的，即企业可以选择是否采用新技术，而能源和劳动为可变的，但在技术给定情况下，能源与劳动是按照固定比例使用的，短期内不能相互替代，其数量只依赖于产出数量。同时，假设企业在短期内技术和资本存量均为给定的，企业在投入和产出市场上均为利润最大化的价格接受者，他们之间的竞争主要依赖于短期可变成本。为了保证异质性，假定存在进入和退出壁垒（沉淀成本、政策限制），但同时厂商数量足够多，因此，厂商行为接近价格接受者且不存在企业之间的策略行为。节能技术是可实现的，其为企业提供了更有效使用能源的机会。文章采用了附加要素递减条件的列昂惕夫（Leontief）函数，通过函数参数差异体现企业不同的特性，并利用博弈论的研究方法探讨异质企业之间的相互作用。

比利时学者 Boucekkine 和 Pommeret（2004）主要集中于节能技术进步与最优资本积累之间的关系问题。与以往单纯将资本退化理解为资本随年限产出下降的研究（Baily，1981）不同，Boucekkine 和 Pommeret 认为废弃资本的决定是内生的。同时，由能源价格升高引起的体现式技术进步除了会使原有资本生产率降低，其更重要的特征是节约能源。他们分别构建了非体现式技术进步与体现式技术进步两种模型来讨论最优资本积累问题，其中非体现式技术进步是一个基准。文章采用了柯布—道格拉斯生产函数，假定资本与能源具有互补关系，并假定产品市场是垄断竞争的，通过约束条件的使用将需求市场引入模型，非体现式技术进步的模型如式（2–11）所示，其中，$p(t)$ 为产品价格，$Q(t)$ 为产量，需求价格弹性为（$-1/\theta$）；$K(t)$ 为资本，$L(t)$ 为劳动，$E(t)$ 为能源，$I(t)$ 为投资；$w(t)$ 为工资率，$p_e(t)$ 为能源价格，$k(t)$ 为资本购买价格；r 为折旧率，μ 为能源价格增长率，γ 为代表节能技术进步率。之所以称为非体现式节能技术进步，是因为无论资本年龄，技术进步总是使得资本更加节约能源。

$$\max \int_0^\infty \left[p(t)Q(t) - p_e(t)E(t) - w(t)L(t) - k(t)I(t) \right] e^{-rt} dt \quad (2\text{–}11)$$

s.t.

$$p(t) = bQ(t)^{-\theta}$$

$$Q(t) = AK(t)^\beta L(t)^{1-\beta}$$

$$dK(t) = I(t)dt$$

$$p_e(t) = \bar{p}_e e^{\mu t}$$

$$E(t) = K(t)e^{-\gamma t}$$

$$w(t) = \bar{w} e^{\varepsilon t}$$

Boucekkine 和 Pommeret 关于体现式技术进步的模型如式（2-12）所示，相对式（2-11），唯一添加的变量为 T(t)，该变量描述仍在使用的最旧资本的年限，同时资本是指有效资本，即只有有效率的机器才能被计入资本存量。同时，模型假定新资本比旧资本更加节能，由式（2-12）可知，能源消耗数量是由资本变动来决定的，体现于不同役龄的资本之中，即这里的节能技术进步是体现式技术进步。

$$\max \int_0^\infty \left[p(t)Q(t) - p_e(t)E(t) - w(t)L(t) - k(t)I(t) \right]e^{-\pi t}dt \quad (2-12)$$

s.t.

$$p(t) = bQ(t)^{-\theta}$$

$$Q(t) = AK(t)^{\beta}L(t)^{1-\beta}$$

$$K(t) = \int_{t-T(t)}^t I(z)dz$$

$$p_e(t) = \bar{p}_e e^{\mu t}$$

$$E(t) = \int_{t-T(t)}^t I(z)e^{-\gamma t}dz$$

$$w(t) = \bar{w} e^{\varepsilon t}$$

通过对上述两种模型中资本最优数量的比较，Boucekkine 和 Pommeret 发现体现式技术进步情况下，最优资本存量更低，主要是由于相对非体现式技术进步，厂商对于体现式技术进步可以依据资本的效率进行投资以调整资本存量。传统观点认为，能源价格上升会造成现有资本效率下降，从而导致资本存量的减少，而决策内生的体现式技术进步则提供了一个正向的影响，即能源价格上升可以导致相对节能的资本数量的增加，能够部分弥补能源价格对资本的负向影响。

第三章　能源价格与工业节能技术创新

　　"激励问题是所有经济面临的核心问题，中国经济改革要解决的似乎也是个激励问题"（莫里斯，1997）。[①] 作为一种相对独立的过程创新，能源价格是工业节能技术创新的重要激励。由前文的相关理论可知，能源价格对工业节能技术创新具有引致作用，因此，价格信号是否准确直接决定了企业节能技术创新决策的正确与否。改革开放以来，我国能源价格机制进行了市场化改革，能源价格机制市场化对工业节能技术创新的影响主要包括两个方面：直接作用和间接作用。直接作用是指长期被压低的能源价格大幅上涨，激励企业采取节能技术；间接作用是更为深层次的原因，能源价格机制改革改变了过去价格信号的人为扭曲，为企业节能技术创新提供了更加合理的决策依据。本章从这两个角度探讨工业节能技术创新中能源价格的影响，重点分析我国能源价格直接作用的空间以及我国能源价格机制中的非市场因素干扰。

---

　　① [英] 詹姆斯·莫里斯：《詹姆斯·莫里斯论文集——非对称信息下的激励理论》，张维迎译，商务印书馆 1997 年版。

第一节 我国工业节能技术创新的价格引致研究

目前，关于能源价格与节能技术创新的实证研究较多，其结论均支持了能源价格对节能技术创新的引致作用，在前面的介绍中已经做了部分介绍。本章只对关于中国节能技术创新价格引致作用的相关研究进行概括性介绍，借此说明我国能源价格机制改革的直接作用。

一、我国能源相对价格变化趋势

计划经济时代，出于全面经济建设的需要，我国能源价格受到一定程度的压制，能源价格长期处于较低的水平。改革开放以来，伴随社会主义市场经济体制的建立，我国能源价格机制发生了根本性变化，国际化、市场化的能源价格机制基本建立，我国能源价格得到了释放，因此，从 20 世纪 90 年代中期，我国能源与工业品相对价格迅速上升。从我国目前价格指数统计来看，有两种价格指数可以用来衡量能源与工业品相对价格，一种是原材料购进价格指数，其反映了我国企业购买原材料所支付的价格；另一种是主要工业品出厂价格指数，其反映了工业品出厂价格变化趋势。两种价格指数略有差异，原材料购进价格指数包括中间的销售环节，反映了我国工业产品最终价格，是企业要素投入成本价格的反映；工业品出厂价格未包含销售环节的价格，是工业品的"裸价"，该价格直接反映了企业产品收益状况。从这两种价格指数的含义中可看出，决定企业节能技术创新的能源相对价格应是能源的购进价与工业品出厂价之比。

图 3-1 显示了燃料、动力购进价格相对原材料购进总价及工业品出厂总价的变化趋势。如图所示，1989 年以来，我国能源与工业品相对价格持续上涨，其中，燃料、动力购进价格相对于工业品出厂总价

上升迅速，1989~2006 年累计上涨 2.40 倍。即使考虑销售环节，能源与工业品相对价格仍呈现明显上升趋势，但由于销售环节的存在，该相对价格上涨的速度明显低于燃料、动力购进价格与工业品出厂总价之比，1989~2006 年两者累计效果的差距达 30%以上，这充分说明我国能源销售环节的加价比例要高于其他工业品销售环节的加价。

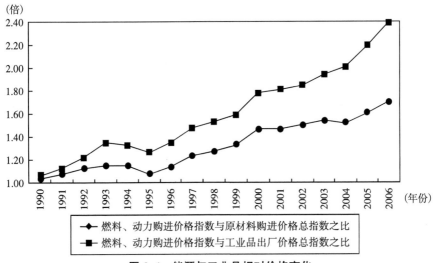

图 3-1　能源与工业品相对价格变化

注：以 1989 年为基年。

资料来源：依据《中国统计年鉴 2007》计算。

　　上述相对价格为燃料、动力购进价与工业品出厂总价和原材料购进总价之比，而工业品出厂总价与原材料购进总价中均包含了能源产品自身价格。因此，尽管上述相对价格能够基本反映能源相对价格的变化趋势，但并不够准确。表 3-1 为燃料、动力购进价与工业中非能源行业主要产品出厂价之比，该价格能够相对准确地反映我国能源相对价格的变化趋势。如表 3-1 所示，我国能源价格与工业中非能源行业产品出厂价均明显上升，除冶金行业之外，能源与其他行业产品相对价格上涨幅度均高于能源与工业产品总价格之比，其中，能源与机械、森林、化学、纺织行业价格之比上升最快，1990~2006 年分别累计上升了 4.20 倍、4 倍、3.19 倍与 3.20 倍。相对而言，能源与冶金行业的相对价格上升最慢，1989~2006年逐年上升。由此可见，能源价格机制改革对不同行业节能技术创新的激励存在较大差异，高耗能行业中，对化工行业的激励较为突出，而对工业第一耗能大户——冶金行业的作用相对较弱。当然，上述分析并没有考虑到行业的成本结构问题，如果考虑成本构成因素，那么行业能耗越高则受到的影响越大，进而能源价格机制改革对高耗能行业的作用将大大增加。同时，成本结构因素在一定程度上也决定了非能源工业品价格对能源价格变动的响应，行业成本中能源比重越高，其产品定价越容易受能源价格变化的影响，这部分解释了不同行业能源相对价格变化的差异。

表3-1 燃料、动力购进价与工业中非能源行业产品出厂价之比

年份	总指数	冶金工业	化学工业	机械工业	建筑材料工业	森林工业	食品工业	纺织工业	缝纫工业	皮革工业	造纸工业	文教艺术用品工业
1990	1.06	1.00	1.09	1.08	1.11	1.17	1.10	1.03	1.01	1.04	1.08	1.03
1991	1.06	0.99	1.10	1.10	1.06	1.12	1.09	1.08	1.04	1.04	1.10	1.07
1992	1.09	1.02	1.13	1.09	1.05	1.10	1.10	1.17	1.15	1.03	1.13	1.14
1993	1.10	0.87	1.26	1.14	0.96	1.04	1.20	1.32	1.16	1.22	1.26	1.24
1994	0.99	1.10	1.02	1.08	1.10	1.10	0.96	0.86	1.02	0.97	1.11	1.08
1995	0.95	1.03	0.86	1.02	1.02	1.09	0.88	0.93	0.93	0.89	0.75	0.98
1996	1.07	1.13	1.07	1.08	1.06	1.12	1.06	1.15	1.02	0.99	0.95	1.09
1997	1.10	1.12	1.14	1.11	1.10	1.10	1.10	1.12	1.05	1.11	1.16	1.09
1998	1.03	1.06	1.07	1.02	1.03	1.04	1.01	1.05	1.01	1.01	1.05	1.05
1999	1.03	1.05	1.05	1.04	1.03	1.01	1.04	1.05	1.03	1.04	1.05	1.08
2000	1.12	1.12	1.14	1.18	1.16	1.16	1.20	1.10	1.16	1.15	1.16	1.16
2001	1.02	1.02	1.03	1.04	1.01	1.01	1.00	1.02	1.01	0.99	1.01	1.02
2002	1.02	1.03	1.03	1.04	1.02	1.01	1.00	1.06	1.01	1.01	1.02	1.03
2003	1.05	1.01	1.05	1.11	1.04	1.08	1.06	1.05	1.08	1.08	1.09	1.09
2004	1.03	0.94	1.02	1.04	1.08	1.07	1.03	1.05	1.09	1.09	1.08	1.10
2005	1.10	1.08	1.08	1.16	1.14	1.13	1.14	1.15	1.14	1.12	1.13	1.15
2006	1.09	1.08	1.11	1.11	1.10	1.10	1.11	1.10	1.11	1.11	1.11	1.12
1990~2006累计	2.40	1.82	3.19	4.20	2.81	4.00	2.72	3.20	2.62	2.28	3.02	4.14

注：以上一年为基年。

资料来源：依据《中国统计年鉴2007》计算。

二、相关经验研究介绍

国外已经存在较多关于能源相对价格对节能技术创新引致作用的经验研究（Popp，1998；Newell、Jaffe、Stavins，1999；Pizer 等，2002；Alpanda 等，2004），前面已经对其研究结论进行了概括性介绍，这里不再赘述。总体而言，国外相关研究的方法呈现多样性，而且研究较为细致，既有总量的研究，也有具体行业的研究，但其研究结论则较为一致，即均证实了能源相对价格对节能技术创新具有明显的引致作用。至于针对我国的相关经验研究，由于数据获得的限制，尚不存在针对具体行业的研究，大多数研究都以行业加总的数据作为分析对象，但结论同样能够说明能源相对价格对节能技术创新的引致作用。

Karen Fisher-Vanden、Gary H. Jefferson、Liu Hongmei 和 Tao Quan（2004）对中国能源效率变化的驱动因素进行了较为详细的研究，其研究主要分为两个部分：第一部分采用因素分解法对能源强度变化进行分解，借以区分结构因素和技术因素的影响；第二部分集中讨论技术因素的影响因素。文章以中国 1997~1999 年 2582 家大中型工业企业为样本，采用所谓"迪氏因素分解法"对我国能源消费进行分解，并分别分析了在 6 种结构分类情况下结构因素与技术因素对能源消费的影响，这 6 种结构分类为一至四位数代码行业分类、12 种行业分类（作者归纳）和厂商级分类。结果显示，随着行业分类的细化，结构因素对能源强度下降的影响作用逐渐加大，而行业（厂商）能源效率的影响力则逐渐减弱，在一至四位数代码行业分类和 12 种行业分类情况下，行业能源效率因素的影响仍高于结构因素，但在厂商级分类中结构因素略高于厂商能源效率因素，两者基本相当。因此可见，由部门或厂商能源效率所代表的技术进步因素是中国能源强度下降的重要原因之一。

为了说明节能技术进步的决定因素，Fisher-Vanden 等又研究了价格因素、产权因素、创新因素、产业构成、区域构成对厂商级能源效率的影响。其基本的研究思路来源于厂商的成本函数，如式（3-1）所示，厂商的成本函数具有柯布—道格拉斯函数，其中，Q 为产出，P_K、P_L、P_E、P_M 分别为资本、劳动力、能源和材料的价格，α_K、α_L、α_E、α_M 分别为资本、劳动力、能源和材料的投入弹性。

$$C(P_K,\ P_L,\ P_E,\ P_M,\ Q) = A^{-1}P_K^{\alpha_K} P_L^{\alpha_L} P_E^{\alpha_E} P_M^{\alpha_M} Q \qquad (3-1)$$

其中，A 为效率项，可以定义为如下形式：

$$A = \exp\left(\theta\ln(RDE) + \sum_{t=97}^{99}\delta_t T_t + \sum_{i=1}^{12}\gamma_i IND_i + \sum_{j=1}^{7}\lambda_j OWN_j = \sum_{K=1}^{6}\varphi_K PEG_K\right)$$

$$\qquad (3-2)$$

其中，RDE 为研发投入，T、IND、OWN、PEG 分别为时间、产业、产权、区域的虚拟变量。依据谢泼特引理（Shephard's Lemma）可知，要素的需求等于成本函数对于要素价格的导数，由此可得：

$$E = \frac{\alpha_E A^{-1}P_K^{\alpha_K} P_L^{\alpha_L} P_E^{\alpha_E} P_M^{\alpha_M} Q}{P_E} \qquad (3-3)$$

假定：

$$P_Q = P_K^{\alpha_K} P_L^{\alpha_L} P_E^{\alpha_E} P_M^{\alpha_M} \qquad (3-4)$$

这里有 $\sum\alpha_i = 1$，进而将式（3-3）简化为如下形式：

$$E = \frac{\alpha_E A^{-1}P_Q Q}{P_E} \qquad (3-5)$$

变换形式可得：

$$\frac{E}{Q} = \frac{\alpha_E A^{-1}P_Q}{P_E} \qquad (3-6)$$

将式（3-2）代入，并两边取对数可以得到：

$$\ln\left(\frac{E}{Q}\right) = \alpha + \theta'\ln(RDE) + \sum_{t=97}^{99}\delta_t' T_t + \sum_{i=1}^{12}\gamma_i' IND_i + \sum_{j=1}^{7}\lambda_j' OWN_j$$

$$+ \sum_{K=1}^{6}\varphi_K' PEG_K + \beta\ln\left(\frac{P_E}{P_Q}\right) + \varepsilon_i \qquad (3-7)$$

式（3-7）为其基本方程，与之类似还可以得到煤炭、石油、电力利用效率的方程：

$$\ln(\frac{E_{coal}}{Q}) = \alpha + \theta'\ln(RDE) + \sum_{t=97}^{99} \delta_t'T_t + \sum_{i=1}^{12} \gamma_i'IND_i + \sum_{j=1}^{7} \lambda_j'OWN_j$$

$$+ \sum_{K=1}^{6} \varphi_K'PEG_K + (\beta_{coal} - 1)\ln(\frac{P_{coal}}{\hat{P}_Q}) + \beta_{roil}\ln(\frac{P_{roil}}{\hat{P}_Q})$$

$$+ \beta_{ele}\ln(\frac{P_{ele}}{\hat{P}_Q}) + \varepsilon_{coal} \qquad (3-8)$$

$$\ln(\frac{E_{roil}}{Q}) = \alpha + \theta'\ln(RDE) + \sum_{t=97}^{99} \delta_t'T_t + \sum_{i=1}^{12} \gamma_i'IND_i + \sum_{j=1}^{7} \lambda_j'OWN_j$$

$$+ \sum_{K=1}^{6} \varphi_K'PEG_K + \beta_{coal}\ln(\frac{P_{coal}}{\hat{P}_Q}) + (\beta_{roil} - 1)\ln(\frac{P_{roil}}{\hat{P}_Q})$$

$$+ \beta_{ele}\ln(\frac{P_{ele}}{\hat{P}_Q}) + \varepsilon_{roil} \qquad (3-9)$$

$$\ln(\frac{E_{ele}}{Q}) = \alpha + \theta'\ln(RDE) + \sum_{t=97}^{99} \delta_t'T_t + \sum_{i=1}^{12} \gamma_i'IND_i + \sum_{j=1}^{7} \lambda_j'OWN_j$$

$$+ \sum_{K=1}^{6} \varphi_K'PEG_K + \beta_{coal}\ln(\frac{P_{coal}}{\hat{P}_Q}) + \beta_{roil}\ln(\frac{P_{roil}}{\hat{P}_Q})$$

$$+ (\beta_{ele} - 1)\ln(\frac{P_{ele}}{\hat{P}_Q}) + \varepsilon_{ele} \qquad (3-10)$$

回归结果显示，能源价格、行业分布、R&D 支出、地区分布、所有制类型均是导致能源强度下降的原因，其中能源价格的作用最大，占厂商能源强度下降的 54.4%，而行业分布因素和 R&D 支出的影响基本相同，分别为 17.6% 和 16.9%，均高于所有制因素和地区分布因素。文章依照上述模型，分别构建了煤炭、石油、电力的影响模型，结果也均证明了能源价格对厂商能源效率具有重要的影响。

XiaoYu Shi 和 Karen R. Polenske（2005）应用基于投入产出表的因素分解法，将能源消费量的变化分解为最终需求变化引起的部分和技术进步引起的部分，最终需求变化包括经济总量变化和结构变化，运用此方法对 1980~1995 年中国能源消费变化进行研究，结果显示技术进步是造成能源消费下降的因素，最终需求变化则是引起能源消费增加的因素。文章同时也指出，剔除总量变化后的最终消费结构变化也降低了能源消费数量。随后，文章运用局部调整模型（Partial Adjustment Model）和动态最优化模型（Dynamic Optimization Model）分别对 1981~1995 年中国总体能源强度和工业能源强度与能源价格关系进行了研究，指出它们之间具有明显的负相关性，而工业能源强度对于能源价格更加敏感。文章将因素分解法与动态最优化模型相结合，研究了结构因素和技术进步因素与能源价格弹性的关系，指出能源价格弹性中很大一部分是由技术进步因素造成的，即能源价格引致的技术进步是能源价格造成能源强度下降的主要因素。需要说明的是，该文章并未直接分析能源相对价格的作用，而是将能源价格与非能源产品价格分开进行分析，结果显示，能源价格与节能技术进步呈现正相关，而非能源价格与其呈现负相关。从两种价格影响的结合看，该文章经验研究的结果也证实了我国能源相对价格对节能技术进步的引致作用。

杭雷鸣和屠梅曾（2006）采用与 Fisher-Vanden 等同样的方法，对我国 1985~2003 年能源价格与制造业能源强度的变化关系进行实证研究，结果同样显示能源相对价格上升对我国能源强度的降低具有明显的积极作用。

综合来看，上述研究充分说明，无论是从微观的企业层面还是从加总的行业层面，改革开放以来，我国能源相对价格对节能技术创新均具有明显的引致作用，能源价格机制改革的直接作用明显。

第二节　我国能源价格的表现及国际比较研究

由前文可知，改革开放以来，能源相对价格的上涨是我国工业节能技术创新的重要激励。能源相对价格上涨主要是能源价格机制市场化释放了长期被压制的能源价格，而能源价格机制改革的作用是否能够继续延续及其未来作用空间的大小将对我国节能技术创新产生重要影响。与国际接轨是我国能源价格机制改革的重要目标，我国能源价格机制改革对能源价格的作用主要体现在我国能源价格向国际市场价格的回归，因此，我国能源价格与国际能源价格的差距直接决定了我国能源价格机制改革的作用空间。

一、我国能源价格的变化趋势分析

改革开放之前的计划经济时代，出于全面经济建设的需要，能源价格长期处于受压制的状态，基本上无法反映能源的供需状况。伴随改革开放和社会主义市场经济的确立，特别是能源价格机制的改革，我国能源价格明显提高，价格调节作用逐渐显现。与能源相对价格类似，衡量能源价格变化的指标同样有两类，即包含销售环节的购进价与不包含销售环节的出厂价。其中，出厂价衡量的是我国能源产品自身的价格，其更能体现能源价格机制改革的作用，而因加入了销售环节，能源购进价格更多地体现了能源价格机制改革对我国经济社会发展的影响。

就出厂价而言，改革开放以来，我国煤炭、石油与电力三大主要能源产品的出厂价格均大幅度上升，电力价格 2006 年较 1980 年上涨了 4.79 倍，石油价格上涨了 21.09 倍，煤炭价格上涨了 7.51 倍。如图 3-2 所示，1993 年之后，我国能源产品出厂价格上升速度明显加快，这与我国能源价格机制改革步伐加快的时间基本吻合。由此可见，能源价格机制改革对我能源价格上升的作用相当明显。此外，就三种能源价格而言，石油价格上升幅度最为显著，这部分反映了我国能源资源"富煤、贫油"的特点，同时也是由于与国际接轨后，石油价格受到国际石油价格大幅上涨的影响。而 2002 年之前，煤炭价格与电力价格变化趋势基本一致，而 2002 年之后煤炭价格上升幅度明显加快，究其原因，笔者认为，2002 年之前由于对用煤大户电力行业的保护，电煤价格始终由政府确定，2002 年国家放开了对电煤价格的控制，尽管效果并不理想（林伯强，2007），但该政策确实给予了煤炭价格更多的灵活性，这是导致煤炭价格超越电力价格上升速度加快的重要原因。

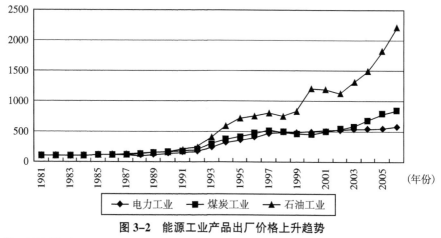

图 3-2　能源工业产品出厂价格上升趋势

注：1980 年=100。

资料来源：作者依据历年《中国统计年鉴》计算。

就购进价而言，20 世纪 90 年代以来，除个别年份之外（1998 年），我国燃料、动力购进价格均呈现上升态势（见图 3-3），1988~2006 年，我国燃料、动力价格累计上涨了 5.72 倍。从上涨速度来看，20 世纪 90 年代初期上涨速度最快，而 90 年代中期价格趋于稳定，2003 年开始价格又出现明显上升。两种价格比较来看，燃料、动力购进价上涨幅度要明显低于石油产品出厂价上涨幅度（1988~2006 年累计上涨幅度为 13.88 倍），高于煤炭出厂价上涨幅度（1988~2006 年累计上涨幅度为 5.04 倍）和电力出厂价上涨幅度（1988~2006 年累计上涨幅度为 3.81 倍）。笔者认为，造成这种现象的原因在于不同能源行业的市场结构存在明显差异，石油行业垄断程度较高，为高中度寡占型市场结构（吴滨、朱孝忠，2007），其对价格具有较强的控制能力；煤炭行业属于竞争性行业，煤炭厂商讨价还价能力较弱；电力行业中处于中游的电网企业具有绝对的控制权，而发电企业处于竞争状态，因此，中间环节对于电价具有较大的影响。

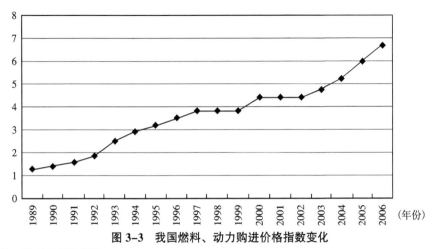

图 3-3 我国燃料、动力购进价格指数变化

注：以 1988 年为基年。

资料来源：作者依据历年《中国统计年鉴》计算。

二、能源价格的国际比较研究

改革开放之前，我国能源价格主要由政府确定，相对较为独立，并不直接受国际市场价格的影响，而且为了适应当时的具体情况，我国能源价格普遍较低，远低于国际能源价格水平。改革开放以来，特别是 20 世纪 90 年代中后期以来，伴随我国能源价格机制改革的深入，我国能源价格逐步实现了市场化，主要能源价格逐步与国际价格水平趋近。

如前所述，目前我国基本上实现石油价格机制与国际市场接轨、我国石油价格与国际价格同步。就原油而言，1998 年以来我国原油价格开始与国际价格接轨，原油价格已经与国际市场价格接近。从目前国内研究看，大多数研究人员均采用大庆油田的价格作为国内原油价格，其基本理由是大庆油田原油产量为我国最大，而将占国际石油交易量 80% 的布伦特原油价格作为国际原油价格（李新颜等，2005；魏一鸣等，2006），如表 3-2 所示，两者已经十分接近。笔者认为，采用大庆油田原油价格作为我国原油价格欠妥，首先，尽管大庆油田原油产量曾经占国内产量的 40% 以上，但 2000 年以来，其产量比例逐年下降，2004 年仅为全国产量的 26.51%，因此不足以代表全国水平；其次，我国不同油田油品质量存在一定差异，因此其定价也存在一定差异。相比较而言，笔者认为采用我国最大的原油生产企业中国石油集团公司原油平均实现价作为国内原油价格的指标更为合适，由表 3-2 可以看出，尽管我国原油价格仍明显低于国际原油价格，但两者的差距已经较小。

表 3-2　国际市场主要原油现货平均价及中石油集团原油平均实现价

单位：美元/桶

年份	WTI	布伦特	迪拜	米纳斯	塔皮斯	辛塔	大庆	胜利	中国石油天然气股份有限公司原油平均实现价
1998	14.60	12.75	12.17	12.35	13.82	12.00	12.38	11.43	
1999	19.38	18.06	17.38	17.97	19.02	17.54	17.90	16.80	16.87
2000	30.50	28.63	26.36	28.97	29.95	28.29	28.97	28.88	22.72
2001	25.89	24.45	22.77	24.10	25.35	23.23	24.02	22.22	23.63
2002	26.10	25.01	23.73	25.68	25.72	24.67	25.50	23.78	22.48
2003	31.06	28.83	26.76	29.50	30.06	28.72	29.50	27.47	27.20
2004	41.41	38.21	33.63	36.85	41.11	35.89	36.73	32.31	33.88
2005	56.44	54.38	49.32	53.95	57.90	52.10	52.59	47.51	48.37
2006	66.00	65.14	61.49	65.17	69.99	62.40	63.34	55.89	59.76

资料来源：《国际石油经济》与《中国石油天然气股份有限公司经营报告》历年数据汇总。

至于成品油价格，迟浩等（2007）采用了三种方法对我国成品油价格与国际成品油价格进行了比较，即直接比较法、裸价比较法、统一完税价格比较法。其中，裸价比较法是指将各国成品油的各种税费扣除后的价格比较；统一完税价格是将我国征收的养路费、过桥费等费用折算成燃油税加入油价中，再进行比较。如表 3-3 所示，我国含消费税和不含消费税的成品油裸价除低于个别国家（法国、日本）之外，大都高于其他国家。而在其他两种比较方法中，我国成品油价格除高于美国之外，仍低于其他国家，这主要是由于西方国家的税费较高所致。

表 3-3 成品油裸价国际比较

单位：美元/升

	2006 年 6 月	2006 年 7 月	2006 年 8 月	2006 年 9 月	2006 年 10 月
法国	1.008	0.9999	1.017	0.993	0.974
德国	0.624	0.675	0.68	0.545	0.491
意大利	0.696	0.735	0.753	0.621	0.574
西班牙	0.674	0.708	0.723	0.603	0.539
英国	0.629	0.646	0.678	0.565	0.495
日本	0.66	0.663	0.719	0.711	0.679
加拿大	0.664	0.69	0.689	0.541	0.51
美国	0.657	0.681	0.686	0.57	0.49
中国 1	0.611	0.612	0.613	0.616	0.619
中国 2	0.636	0.637	0.638	0.642	0.644

注：中国 1 是扣除消费税后的价格，中国 2 为包含消费税的价格。
资料来源：迟浩等：《中国与世界一些国家成品油价格之比较》，《中国经济时报》，2007 年 1 月 12 日。

煤炭价格主要分为两类：商品煤价格和电煤价格，其中商品煤价格已经实现了市场定价。从近年来的表现看，我国商品煤价格呈现上升趋势，与主要国家的价格差异正在逐渐缩小。由表 3-4 可以看出，尽管整体而言我国煤炭价格水平仍较低，1998 年以来我国工业用动力煤的价格明显上升，与世界主要国家的价格差距不断缩小，2004 年已经与美国的价格水平相当，与日本的价格水平接近，而我国煤价已经明显高于同属于发展中国家的印度。至于电煤价格，我国电煤价格始终明显低于商品煤价格，根据年度煤炭经济运行指标，2004 年我国电煤价格为商品煤价格的 85.83%，2005 年为 78.73%，2006 年为 71.69%。

普遍认为，电煤价格低主要是由于政府控制导致，但就世界范围看，世界主要国家电煤价格均低于动力煤价格，如表 3-5 所示，除日本之外，发达国家电煤价格也均低于动力用煤，其中尤以法国为甚，电煤价格不足动力煤价格的一半。如果综合这些因素，我国目前电煤价格已经接近国际主要国家电煤价格。

表 3-4   工业用动力煤国家价格比较

单位：美元/吨

年份	芬兰	法国	意大利	日本	韩国	俄罗斯	英国	美国	印度	中国
1998	84.40	112.30	40.70	42.80	31.50		58.20	35.60	24.03	29.69
1999	84.70	108.00	33.40	37.80	46.70		56.40	34.80	24.02	28.69
2000	77.90	93.60	38.30	36.40	55.00		53.10	35.00	24.38	27.28
2001	84.80	95.40	44.80	39.50	48.20	12.06	57.10	36.10	25.25	27.15
2002	84.10	97.00	41.40	38.40	49.90	11.75	58.30	37.00	28.57	30.40
2003	98.80	115.80	42.30	36.10	55.10	12.03	63.00	37.70	30.49	32.14
2004	122.50		63.50	53.50	60.30		77.70	43.30	35.53	43.16

资料来源：EIA 统计数据。

表 3-5   主要国家电煤价格占工业动力价格的比重

单位：%

年份	美国	英国	法国	日本
1998	80.46	85.83	36.88	118.00
1999	79.94	83.34	35.41	117.53
2000	78.46	83.62	39.79	112.46
2001	78.06	81.36	47.46	108.08
2002	77.51	76.27	44.22	103.11
2003	77.06	72.91	36.66	
2004	71.42	76.87		
2005	67.75	78.17		
2006	67.65			

资料来源：依据 IEA 数据计算。

与石油、煤炭价格不同，电力价格机制改革较晚，进度也较慢，这直接导致了我国电力价格低于国际水平。与世界主要国家相比，目前我国电力价格仍然处于较低的水平，如表 3-6 所示，我国电价不仅低于发达国家的水平，而且也低于同属发展中大国的巴西和印度。不同类型电价比较可以看出，我国居民电价与国际差距最大，仅为美国的 41.68%、英国的 34.12%；而相比之下，工业用电的价格差距最小（印度除外），分别为美国的 74.75%、英国的 76.76%，而与巴西的价格基本持平，为巴西价格的 96.10%。

表 3-6　2003 年平均电价国际比较

单位：美分/千瓦时

	居民	商业	工业	平均
美国	8.71	8.13	4.95	7.40
巴西	8.35	7.26	3.85	4.19
英国	10.64	8.74	4.82	8.20
印度	4.10	8.93	7.93	5.03
中国	3.63	5.78	3.70	3.61

资料来源：李虹：《中国电价改革研究》，《财贸经济》，2005 年第 3 期。

三、能源价格机制改革直接作用空间分析

通过能源价格的国际比较可以看出，尽管我国能源价格水平整体仍低于国际水平，但经过能源价格机制的市场化改革，我国能源价格得到较为充分的释放，石油、煤炭价格已与世界主要国家的价格水平接近，电力价格虽然明显低于国际水平，但差异主要来源于居民用电价格和商业用电价格的差异，工业用电价格的差异并不大。可见，能源价格机制改革的效果已经基本显现，计划经济时代被压低的能源价格得到较为充分的释放，通过与国际能源价格水平比较看，除了受到国际能源市场波动的影响，未来我国能源价格单边上升的空间已经不大。

就我国能源价格机制改革的方向而言，国际化、市场化是其终极方向。目前，我国能源价格机制的市场化改革已经基本就绪，其中，商品煤价格已经完全实现了市场化，电煤价格尽管还存在政府干预，但其实早在 2004 年国家已经明确规定了电煤价格由市场决定；原油价格基本实现了与国际接轨，成品油价格与国际接轨的步伐也正在加快；尽管上网的容量电价与终端的售电电价过渡时期仍由政府控制，但已

明确了其市场化的发展方向。能源价格实现市场化是我国社会主义市场经济发展的必然选择，也有利于价格调节机制的充分发挥，有利于企业正确制定决策。但同时，市场化的能源价格机制也降低了政府对能源价格的控制能力，这种控制能力的减弱降低了政府通过能源价格来刺激节能技术创新的能力。

此外，通货膨胀压力也是我国未来能源价格上升的重要制约因素。近年来，我国居民消费物价指数（CPI）与工业品出厂价格指数（PPI）均有较大幅度的提高，2002~2006 年居民消费物价指数累计上涨了 8.6%，而工业品出厂价格指数累计涨幅更是高达 17.3%。综合来看，现阶段我国存在通货膨胀的压力。一般而言，通货膨胀的类型主要有两种，即需求拉动型与成本推动型，就我国目前状况看，两种因素均一定程度上存在，其中能源价格上升是重要原因。杨柳、李力（2006）采用 1996~2005 年的数据对我国能源价格与通货膨胀的原因进行了经验研究，结果显示，能源价格上涨是我国现阶段通货膨胀的重要原因，其分析显示，我国的通货膨胀大约有 10%应归于能源价格的上升。

由上述分析可知，改革开放以来，我国能源价格得到较为充分的释放，我国能源价格机制的直接作用基本实现。与此同时，由于能源价格市场化回归的基本完成，未来我国能源价格机制改革的直接作用空间逐渐缩小，价格机制改革对工业节能技术创新的直接作用逐渐降低。

四、国际能源价格上涨的作用分析

在缩小国内外能源价格差异的同时，我国能源价格机制改革也增强了国际能源价格对我国能源消费及节能技术创新的影响。在主要的常规能源中，国际石油价格对我国的影响最为突出，这一方面是由于石油在现代工业中的特殊地位，另一方面是由我国能源资源结构所决定的。煤多油少的资源特点，加之我国工业化进程所处的阶段，均直接导致了我国石油消费无法实现"自给自足"，据海关总署公布的数据，2007 年我国石油进口量已达到 1.968 亿吨，进口依存度已达 50%.，而且未来这种趋势仍会加剧。

国际石油价格受经济、政治等多种因素影响，这些因素共同决定国际石油价格的波动。管清友（2008）将国际油价波动历史划分为五个阶段（见表 3-7），从中可以看出国际油价的复杂性。21 世纪以来，国际石油价格进入了新的快速上涨阶段，油价屡创新高，2008 年伊始竟冲破了 100 美元/桶的大关。从近期国际环境来看，需求量增加、剩余产能不足、美元贬值、政治的不确定性仍将在一定时期内使国家石油价格维持高位。国际石油价格上涨使得我国工业企业感到了明显压力，中宏网资料显示，2005 年涂料行业由于油价上涨导致生产成本上涨两倍，全国半停产、半停工的企业超过 1000 家，玻璃、水泥、陶瓷等行业利润也受到明显影响。与此同时，高位的石油价格对我国工业企业节能技术创新的激励作用也日趋凸显，以化纤行业为例，近年来年均淘汰低效率、高耗能的小聚酯产能 80 多万吨；循环经济发展迅速，目前全国再生涤纶短纤年产能已达 300 多万吨，再生涤纶长丝和再生瓶片等也有投产；此外，大型成套技术设备的国产化程度明显提高。在油价压力面前，化纤行业整体技术水平明显提高，大大抵消了油价上涨的影响。[①]

表 3-7　国际油价波动历史

时间	跨度（年）	标志性事件	油价态势
1861~1945 年	84	两次世界大战	从不稳定到低油价
1945~1971 年	26	美元与黄金脱钩	稳定的低油价
1971~1981 年	10	两次石油危机	低油价到高油价
1981~1997 年	16	海湾危机	高油价到低油价
1997~2007 年	10（未结束）	亚洲金融危机	低油价到高油价

资料来源：管清友：《国际油价波动的周期模型及其政策含义》，《国际石油经济》，2008 年第 1 期。

① 中国化纤工业协会秘书长郑俊林在首届中国纺织技术与经济发展高层论坛上的发言，2008 年 1 月。

任何问题都具有双面性，尽管国际石油价格上涨确实有利于提高我国工业企业节能技术创新的动力，但过高的油价会对我国的经济稳定、国家安全造成负面影响。同时，作为过程创新，工业节能技术创新需要一定的周期和大量资金支持，能源价格增长过快、过高将不利于我国工业节能技术创新活动的顺利开展，利润空间的过度压缩将降低企业技术创新的能力，技术先进的国外企业借机渗透更会加剧国内企业的生存危机。此外，国际石油价格存在一定的投机因素，这些因素并不能真正反映国际市场的供需状况。综合而言，采取稳妥的方式是我国石油价格机制改革的现实选择，即"要坚持与国际市场接轨的方向和原则，建立既反映国际市场石油价格变化，又考虑国内市场供求、生产成本和社会各方面承受能力等因素的石油价格形成机制"。[①]除此之外，还要尽快建立和健全国家石油储备体系，以配合价格机制改革的深化，为企业开展节能技术创新活动创造稳定的环境。

第三节　制约我国工业节能技术创新的能源价格机制因素

能源价格机制改革的一个重要作用是使价格信号更加准确，在能源价格机制改革直接作用逐渐减弱的情况下，发掘和改变我国能源价格机制深层次问题是未来完善工业节能技术创新激励机制的主要任务。目前，虽然我国能源价格机制改革取得了长足的进步，但仍存在较多的非市场因素，这些因素使得能源价格不能充分反映国内国际的能源供需状况，影响企业节能技术创新的决策。

---

① 马凯：《积极妥善地推进资源性产品价格改革》，《求是杂志》，2005 年第 24 期。

一、中国能源价格机制的演变与现状

我国能源行业体制变化大体经历了三个阶段：计划阶段、过渡阶段、市场化阶段。改革开放之前，为了快速建立和完善工业体系，我国能源行业实行高度的计划体制，从生产、销售到产品定价均由国家统一计划。随着我国经济社会的发展，特别是改革开放的基本国策的确立，能源行业市场化改革的序幕也逐渐拉开，进入由计划体制向市场体制转变的过渡时期，这一时期的特点主要是解决计划经济时代遗留的问题，并逐渐探索适应社会主义市场经济需要的体制形式。20世纪90年代末期以来，我国社会主义市场经济体制逐步建立，能源行业的体制改革也逐渐成熟，形成了具有中国特色能源行业市场运行体制。

（一）煤炭价格机制

改革开放之前，我国煤炭价格主要是由政府行政部门依据经济社会发展需要统一定价，煤炭作为国家一级统配物资，实行统购、统销政策。改革开放以来，为了适应市场经济发展的需要，煤炭价格机制逐步进行市场化改革。1984年，对计划外乡镇煤矿放开价格管制，批准地方煤矿计划外生产的煤炭自定价格、议价销售。1985年，对统配煤矿实行行业总承包，允许煤矿超产煤和超能力煤加价，不纳入国家分配，价格不受限制。20世纪90年代初期，我国煤炭价格机制市场化改革步伐明显加大，1993年，我国确立了以市场形成价格为主的煤炭价格机制，逐步放开煤炭价格的统一管理。1994年，全国煤炭市场价格全面放开，计划内煤炭价格与计划外煤炭价格无区别，实现计划内外的并轨。1996年，国家开始对电煤实行指导价格，出现了新的价格"双轨制"的局面，煤炭价格的市场化与电煤价格的政府管制并存。2002年，国家取消了电煤指导价格政策，煤炭产品完全由市场调节，但因为配套政策不健全、体制改革不配套等原因，使得煤炭价格改革并不到位。2004年，仍执行国家调控价格的电煤约占电煤总消耗量的

30%、占全国煤炭消耗总量的 15%（林伯强，2007）。

就目前看，我国煤炭价格机制改革主要是厘清电煤价格的确定机制。2004 年 6 月，国务院办公厅文件又进一步强调，电价调整后，电煤价格不分重点合同内外，均由供需双方协商决定。2004 年 12 月 15 日，国家发展和改革委员会发布了《关于建立煤电价格联动机制的意见的通知》，正式出台"煤电联动"方案。该方案进一步强化了电煤价格市场决定的机制，"电煤价格不分重点合同内外，均由供需双方协商确定。地方政府或其职能部门不得直接干预煤价。煤炭企业要充分考虑用户的承受能力，合理调整煤炭价格，不得结成联盟哄抬煤价。电力企业要通过提高效率、降低消耗，消化部分煤价上涨成本，并增加电厂对煤价的决策权，不得串通压低煤价"。同时，也规定了国家对电煤价格的监控和调节，"为避免煤炭价格发生剧烈波动，依据《价格法》的规定，由国务院授权国家发改委在煤炭价格出现大幅度波动时，在全国或部分地区采取价格干预措施"。

（二）石油价格机制

改革之前，我国石油价格机制始终处于计划经济的框架下，石油作为重要的战略物资，其价格的制定和调整由政府控制，而且这种控制具有较强的自主性和封闭性，并不反映国际市场石油价格的变化。石油价格机制的改革始于 1981 年，国家批准原石油部的产量包干方案，规定超产和节约部分的石油按照国际石油价格出口或以计划内高价在国内销售，差价所得主要用于石油资源的勘探与开发。至此，我国石油价格进入所谓的"双轨制"阶段，这种局面一直延续到 1993 年。出于对石油产品短缺将长期存在的考虑，石油价格机制又出现了一次反复，1994 年，国家对石油价格体制进行了改革，取消"双轨制"，实现计划内外价格并轨，全部由国家统一定价，将原油划分档次，并对原油价格进行统一调整。1998 年，中石油、中石化集团公司进行改革和重组。为了适应国际石油市场的变化，增强我国石油企业的国际竞争力，我国石油价格机制进行了改革，改变单一的政府定价模式，开始实现国内石油价格与国际市场联动的机制。

经过不断的摸索和完善，我国石油价格实现了与国际市场的接轨。目前，我国原油价格机制是以国际价格为基准的市场调节，其基本原则是国内陆上原油运达炼油厂的成本与进口原油运达炼油厂的成本基本之和，原油结算价包括原油基准价和贴水两个部分，原油基准价是以国际市场相近品质原油上月平均价为依据确定，每月调整一次，贴水由购销双方协商确定。成品油价格由纽约、新加坡、鹿特丹三地市场一篮子价格的加权平均值为基础确定中准价，当三地平均价格波动幅度超过 8%，政府才对中准价进行调整，中石油、中石化两大集团对成品油零售价具有 8% 的浮动权力。

为了进一步配合石油价格与国际接轨，充分利用两种资源，维护我国经济的平稳发展和社会的稳定，2006 年，我国出台了《石油综合配套调价方案》。其基本思路是：在坚持与国际市场接轨的前提下，建立既反映国际市场石油价格变化，又考虑国内市场供求、生产成本和社会各方面承受能力等因素的石油价格形成机制。同时，建立对部分弱势群体和公益性行业给予补贴的机制，相关行业的价格联动机制，石油企业涨价收入的财政调节机制，以及石油企业内部上下游利益调节机制。

（三）电力价格机制

电力价格机制改革始于 20 世纪 80 年代初期，这时期主要是对原来目录价格中存在的问题进行局部调整，并没有明确电力市场化的改革目标，改革力度较小，没有涉及定价机制等根本性问题（史丹等，2006）。力度较大的改革出现于 1985 年，国务院出台了鼓励集资办电的政策措施，出现了所谓"电厂大家办、电网一家管"的政策思路。为了充分调动各方面资源，电力定价机制也发生了明显变化，出现了指导性电价和指令性电价。电厂投资的放开确实缓解了我国电力短缺的问题，但并未真正改变电力行业国家垄断的状况，行业内存在明显的不公平竞争。1997 年，国家电力公司正式成立，原有的行政职能均移交相关部委，电力行业真正实现政企分开，有学者（胡向真等，2005）将此视为中国电力行业市场化改革的开端。为了配合电力行业市场化改革，电力价格机制也出现了一些新的调整和尝试。首先，国家对还本付息的电价政策进行了修订，出台了经营期电价政策，改还本付息定价为项目经济周期定价，进一步规范电力价格。其次，在部分省市开展竞价上网，即发电企业提前 24 小时以 0.5 小时为单位报价，电网调度中心将机组报价从低到高排序，根据需要安排发电，发电企业上网电量年度计划的 90% 按物价管理部门核定价格结算，10% 竞价上网（戴平生，2004）。最后，这一时期还对农村电价进行了改革，取消了对农村用电的歧视，实现城乡电网同网同价。此外，国家出台相关政策取消了一切电价之外的加价。

2002 年，国家出台了《电力体制改革方案》，继续深化电力行业市场化改革。依照该方案成立国家电力监管委员会，对国有电力资产进行重组，按照发电和电网两类业务划分，实现厂网分开。同时，该方案进一步明确了竞价上网的价格机制改革思路。2003 年，国家又出台了《电价改革方案》，较为系统全面地对电力价格机制进行改革。该方案明确提出了电力价格机制的改革方向，将电价分为上网电价、输电价格、配电价格和终端销售价格，其中"发电、售电价格由市场竞争形成；输电和配电价格由政府制定"。该方案对电力价格改革具体步骤进行了规定，其中在过渡时期发电价格中的容量电价（反映固定成本）仍由国家制定，电量电价（反映可变成本）则由市场确定，售电价格在过渡期仍由国家确定。

考虑到煤炭与电力价格的互动关系，2004 年的《关于建立煤电价格联动机制的意见的通知》实现上网电价与煤炭价格联动，要求电力企业消化 30% 的煤价上涨因素，水电企业上网电价也要配合调整。同时，销售电价也要实现与上网电价联动，电网经营企业输配电价格要进行核定，作为煤电价格联动的基础，电价联动周期原则上不少于 6 个月。

二、现有能源价格机制中存在的主要问题

市场经济条件下，价格的调节作用主要取决于价格是否能够真正反映市场的供需状况，只有价格信号能够准确体现市场供需状况，企业才能做出正确的决策。尽管改革开放以来我国能源价格机制改革取得了长足的进步，但就目前能源价格机制而言，其还存在诸多不完善的地方，这些有待改善之处仍制约着我国能源价格对工业节能技术创新引致作用的发挥。

与国际市场接轨是石油价格机制对节能技术创新发挥激励作用的重要途径，而这种激励作用的发挥主要体现在两个方面：国内石油资源的相对短缺要求我国石油价格充分反映国际市场的供需，为工业企业提供石油消费和技术创新决策的依据；消除国际石油价格中的非市场干扰，适度保护我国工业企业合理利益和技术创新能力。目前，虽然我国石油价格机制在国际化方面取得了显著的进步，但在上述两个方面仍存在一些突出问题。

首先，现行石油价格机制对国际市场反应的"滞后性"制约了我国石油价格与国际市场真正接轨，不利于企业制定合理的节能技术创新决策。现行石油价格机制中，我国原油价格的基准价是由上月国际石油价格确定，成品油中准价只在国际成品油价格波动超过8%之后才进行调整。这种调整上的滞后性使得我国石油价格不能及时反映国际油价的波动，同时更为重要的是，这种机制使得企业经常面临两种油价并存的局面，不仅增大了企业投机的可能性，而且人为地加大了企业对石油价格预期的复杂程度，进而影响企业节能技术创新活动的开展。

其次，国际价格基准的选择和缺少国际石油定价的话语权均对我国节能技术创新产生负面影响。目前，我国石油定价所参照的国际石油价格为期货价格，相对现货价格而言，期货价格并不能真正反映国际市场的现实供需状况，而往往"带有很多投资资金的炒作以及政治

目的"（李少民等，2007），这些因素在一定程度上将干扰和损害我国工业节能技术创新活动的开展，例如恶意炒作将直接危及企业技术创新能力的积累。在维护国内节能技术创新环境方面，国际石油定价权是另一个突出问题。国际石油定价权经历了三个主要阶段：跨国公司定价、OPEC 定价和多主体定价（陈明敏，2006）。现阶段国际石油定价虽然已经形成多主体参与的格局，但美国与 OPEC 仍然拥有绝对优势，而作为世界主要石油消费国和进口国的我国缺乏应有的国际石油定价权。定价话语权的缺失使得国际石油价格与国内石油的供需基本脱节，我国石油价格极易受到外部操纵，进而造成国内企业节能技术创新环境的不稳定，甚至威胁到企业的生存。

相比而言，我国煤炭价格机制市场化进程较为彻底，尽管电煤价格仍存在一定的政府干预，但从政策层面已经明确了市场化的煤炭定价机制，煤炭价格机制改革的效果也较为明显。然而，由于旧体制遗留的问题，我国现行煤炭价格信号仍存在一定程度的扭曲。首先，煤炭价格中掺杂了较多的非煤因素，而且比重过高。近年来，伴随价格机制改革，我国煤炭价格迅速上升，但由于煤炭企业议价能力较弱，中间环节攫取了较多份额。以内蒙古的一家煤炭企业为例，其资本有机构成属于中等，出厂的坑口煤价一般为每吨 40 元，运到秦皇岛离岸价则为每吨 260 元。其中，铁路运输费占 30%，铁路建设基金占 16%，汽车运费占 15%，港杂费占 10%，增值税占 7%，此外，还存在占装费、保全费等费种。[1] 中间环节比重较高的现状影响了市场信号的准确性，一方面煤炭价格不能正确反映煤炭的市场供需状况，另一方面中间环节的挤压影响了煤炭行业资本的积累，影响了煤炭行业技术创新能力，不利于煤炭行业自身的技术水平的提高。其次，煤炭资源价格机制与煤炭资源分配机制的不健全，导致了煤炭供给的扭曲。目前我国缺乏煤炭资源的成本核算机制以及环境补偿机制，加之管理上

---

① 史丹：《中国能源工业市场化改革研究报告》，经济管理出版社 2006 年版。

的漏洞，造成了部分个人或机构以极低的成本获取了煤炭资源开采权。煤炭资源开采权低成本的获取是我国煤炭价格中坑口价比重较低的重要原因，更为严重的是，这种机制上的扭曲大大降低了煤炭生产企业节能技术创新的动力，造成了煤炭资源的大量浪费。目前山西小煤矿资源回收率只有20%，每年生产2亿吨煤，却要浪费10亿吨资源（刘砺平等，2005）。

我国电力价格机制改革的目标是上网电价、终端销售电价实现市场化，而输电价格与配电价格由政府控制，电力价格的这种机制安排主要体现了电力生产竞争性与电力传输的自然垄断性相结合的特点。目前，我国电力价格机制改革处于过渡阶段，除上网价格中的电量电价放开之外，包括上网电价中的容电电价在内的其他环节电价均由政府控制。就政府定价的基本方法而言，仍存在一些价格扭曲的因素。首先，以成本为基础的定价机制有悖于市场规律。依照我国现行价格机制，容电电价、输电价格、配电价格均将企业成本作为定价依据，然而由于成本核算机制不完善，成本大都依赖于企业的上报，对成本和造价没有明确的规定和约束（王三兴，2006）。因此，这种定价方式存在较多的主观因素，在扭曲价格信号的同时，降低了电力企业自身的市场压力，不利于电力行业生产效率和能源效率的提高。其次，以成本为基础的定价方式减弱了煤电联动机制的作用。煤电联动机制的主要目的是强化煤炭价格的传导机制，增强煤炭价格的调节作用，然而依照现行电力定价方式，煤炭价格将失去对电力行业的调节作用，无法正确反映电煤的市场供需状况，进而不能对电力行业节能技术创新产生正确的激励。

综上所述，改革开放以来，虽然我国能源价格机制改革已经较为充分地释放了能源价格，但仍存在一定的不完善之处，主要表现为诸多非市场因素的干扰，深化能源价格机制改革仍是我国工业节能技术创新激励机制完善的重要内容和必然选择。

第四章　市场结构与工业节能
技术创新

自 20 世纪中期以来，市场结构与技术创新的关系成为技术创新研究的重要内容，工业节能技术创新作为一种具体的技术创新形式，自然也受到了市场结构的影响，制约我国工业节能技术创新的市场结构因素对于提升我国工业能源效率具有重要现实意义。

第一节　市场结构与工业节能技术创新关系的
理论分析

市场结构与技术创新的理论研究较为复杂，正如 Kamien 和 Schwartz（1982）所言，"市场结构与创新经济学几乎包括了除去标准竞争均衡分析之外的全部困难——非凸性、外部性、公共物品、不确定性与非价格竞争"。[①] 相对于通常意义上的技术创新，工业节能技术创新是一个相对独立的被动过程创新，因此，市场结构对工业节能技术创新的影响既具有传统理论的共性，又具有自身的特殊性。本章在市场结构与技术创新理论及经验研究回顾的基础上，结合工业节能技

---

① Kamien，Schwartz，"Market Structure and Innovation"，Cambridge University Press，1982.

术创新的特点，从市场结构角度对基本模型进行相应的扩展。

一、市场结构与技术创新的研究简介

市场结构的影响是技术创新理论发展的重要组成部分，但由于问题本身的复杂性，目前学术界关于两者关系的认识存在较大分歧，相关经验研究的结论也并不一致。

关于市场结构与技术创新的研究始于熊彼特，其在 20 世纪中期推出的一系列著作中，表述了垄断或大企业对技术创新的贡献，从而打破了西方经济学经典理论对完全竞争市场的推崇。在西方经济学经典理论中，依照福利经济学第一定理，完全竞争市场结构能够最有效率地配置资源，而依照熊彼特的论述，就技术创新而言，垄断的市场结构更加有利，这样就产生了在资源配置效率与技术创新之间的取舍问题，从而引起了广泛的关注。许多学者支持熊彼特的论断，并加入新的解释，不断丰富相关内容。Kamien 和 Schwartz（1982）将其主要观点进行了总结，分别列出了熊彼特范式的主要假设或依据。其中，垄断行业的创新优于竞争行业的原因主要表现在两个方面：具有垄断势力的厂商能够阻止模仿，因此可以从创新中获得更多的利润；具有垄断利润的厂商有更强的财力支持研发。大企业比小企业更具创新力的原因在于：大企业能够支持规模更大的研发团队，并存在其他类型的研发规模经济；大型的多元化企业拓展不可预见创新的能力更强；成本递减的创新的不可分割性使得它们对大企业来说收益更高。尽管上述论断具有一定的说服力，但仍有一些学者表示反对，反对的主要依据在于垄断企业由于缺乏竞争压力或出于对现有垄断地位的维护，而缺乏技术创新的动力，同时，规模过大的企业其内部效率将下降，不利于技术创新（Leibenstein，1966；Baldwin、Childs，1969；Mansfield，1968）。近年来，部分学者将上述两种观点结合，认为介于完全垄断与完全竞争之间的市场结构更适合技术创新，该观点认为，鉴于垄断和竞争各自的特点，兼具两者特点的垄断竞争，或有压力和受威胁的垄断更有利于技术创新（Dubery、Wu，1997；[1] Greenstein 等，1998；符礼建、曹玉华，2000；史毅，2001）。

　　由于理论分析上存在较大差异，许多学者尝试进行经验研究，但遗憾的是，经验研究仍显示了不同的结论。如表 4-1 所示，在产业集中度与技术创新关系的经验研究中，不同学者的研究之间存在较大差异。同样，关于厂商规模与技术创新关系经验研究的结果也存在明显差异。Horowitz（1962）的研究结果显示，研发投入强度与厂商规模之间至多存在微弱的正向关系；Hamberg（1966）通过对财富 500 强企业的调查，也得出了类似结论；Mueller（1967）对 1957~1960 年 56 家厂商进行分析研究，结论显示，研究强度与"以销售测量的厂商规模"负相关；Smyth 等（1972）对英国 86 家企业进行研究，结果则显示，大企业比小企业更可能参与专利；Schwardzman（1976）的研究结果表明，无论从投入还是从产出角度衡量技术进步，其增长均快于用销售衡量的规模份额，大企业享受到客观的研发规模经济。

表 4-1　产业集中度与技术创新关系经验研究

作者	年份	研究样本	主要结论
Phillips（1956）	1899~1939	28 个产业	高集中度更有利于技术创新
Carter、Williams（1957）	1907~1948	12 个产业	高集中度更有利于技术创新
Williamson（1965）	1919~1938；1939~1958	前 4 位企业	集中度对前 4 位企业具有负面影响
Scherer（1967，1980）		通用机械和传统技术	CR4 在 50%~55%之间，技术创新密度最高；技术创新开启的 CR4 阈值大约为 10%~14%
Kelly（1970）		180 个多产品厂商	集中度在 50%~60%之间，技术创新密度最高
Acs、Audretsch（1988）			高集中度不利于技术创新
刘国新、万君康（1997）		16 个产业	高集中度的产业具有较大的研发强度
戚聿东（1998）	1995	37 个产业	不存在完全相关

---

[1] 盛锁、杨建君、刘刃：《市场结构与理论创新研究综述》，《科学学与科学技术管理》，2006 年第 4 期。

续表

作者	年份	研究样本	主要结论
魏后凯（2001）	1999	28 个制造业行业	高集中度行业总体创新能力、新产品开发能力、技术改造能力、引进消化能力更强
吴福象、周绍东（2006）	2002	36 个行业	寡头主导的市场结构企业创新最活跃

资料来源：依据魏后凯（2001）博士论文《市场竞争、经济绩效与产业集中——对改革开放以来中国制造业集中的实证研究》及相关资料整理。

由上述介绍可以看出，关于市场结构和企业规模与技术创新的研究存在较大的争议。笔者认为，造成这种现象的原因主要有两个：第一，正如 Kamien 和 Schwartz 所言，两者关系的复杂性决定了具有多种因素影响并且决定了两者之间的相互作用，而不同因素的影响又有所不同。例如，就技术创新的风险而言，具有垄断利润的企业似乎承受能力更强，而从企业内部效率而言，大企业的效率可能更低，即不同市场结构在技术创新方面均同时具有优势和劣势（魏后凯，2001；任康民等，2004）。第二，技术类型的差异也是重要原因，通常，市场结构与技术创新的研究希望得出一些普遍的结论，但不同类型的技术具有不同的特征，创新依赖的条件也有所不同，因此，不同技术的创新呈现不同的特点。例如，曼斯菲尔德（1963）的研究显示，技术创新与市场结构的关系因行业具体情况而定，而 Eicher 和 Kim（1999）的研究表明，高新技术产业中产品市场的竞争有利于技术创新。由此可见，对于不同类型的技术创新，应根据其具体的特点和决定因素进行具体分析。

二、工业节能技术创新中市场结构的影响

如前所述，工业节能技术创新是指在工业生产过程中采用新技术、新生产过程、新设备、新材料以及新管理技术与方式提高能源利用效率的过程，与一般意义的技术创新不同，工业节能技术创新是一种相对独立的、被动的过程创新。与以开辟新市场、引导新的消费的产品创新不同，过程创新是在产品、消费既定的情况下，通过创新降低要

素投入成本，具体到节能技术创新，就是降低能源要素的投入。同时，不同于一般意义上的过程创新，工业节能技术创新并非是产品创新的延续，往往是工业企业在受到外部冲击，主要是价格冲击后的一种被动反应。因此，针对工业节能技术创新的上述特性，市场结构的影响主要体现在市场地位存在差异的企业在面对能源价格等外部冲击时所表现出的不同反应。

（一）完全竞争与节能技术创新

在完全竞争的市场结构中，单个企业缺乏对产品价格的控制能力，同时，由于进入壁垒较小，企业只得到正常利润，即企业经济利润为零。在能源价格上涨的外部冲击下，如果不进行相应的生产调整，企业经济利润将为负，因此，生产调整是必然的。一般而言，企业对能源价格冲击的调整主要包括两种途径：要素替代与技术创新。两种途径比较，技术创新虽然能够完全抵消能源价格上涨的冲击，由于节能技术创新往往涉及资本的更新，需要大量的资金支持；相比而言，要素替代更为容易，但由于受要素边际报酬递减规律的制约，只能部分抵消能源价格上涨的影响，效果较差。通常来说，处于完全竞争市场结构的企业大都规模较小，资本积累能力较弱或缺乏资本积累能力，较难大规模更新生产设备，因此，要素替代成为该类企业应对外部冲击的现实选择。在要素边际报酬递减规律的约束下，完全竞争企业集体要素替代的结果是行业产量下降、产品价格上升。综上所述，能源价格上升的确能够导致能源效率的提高，但对于完全竞争行业而言，能源效率的提高主要来自要素替代，而节能技术创新的作用并不明显，能源效率提高幅度也较为有限。

（二）完全垄断与节能技术创新

在垄断的市场结构中，由于具有很强的市场势力，企业对产品价格具有较强的影响能力，并能够获得高出正常利润的垄断利润。在面对较小的能源价格上涨冲击时，企业仅丧失较少部分的垄断利润，企业进行生产调整的动力并不大，是否进行调整主要取决于企业管理者的进取心以及企业内部管理机制的完善程度。只有能源价格冲击较大时，即垄断利润将大部分甚至完全丧失，生产调整才成为垄断企业必须采取的行动。相对其他类型的市场结构，垄断厂商对产品价格控制能力最强，通过产品价格上升抵消能源价格上涨冲击的能力最强，因此，通过调整要素配置和产量，企业总能够获得垄断利润。与完全竞争的企业不同，由于具有价格控制能力，垄断企业在能源价格上涨的冲击下，仅通过要素替代和产量调整，利润并不一定下降。[①] 即使仅通过要素和产量的调整，垄断企业利润有所下降，但产量调整也已部分抵消了能源价格冲击的影响，从而降低了企业进行技术改造的动力，因为此时垄断企业在进行节能技术创新的决策时，并非只是单纯地计算创新的自身收益，而要在其中扣除产量调整所弥补的利润，再与技术创新成本进行比较。由此可见，能源价格上升时，垄断地位大大降低了企业采取节能新技术的激励。在节能技术创新效果并不十分突出时，垄断企业的节能技术创新活动更多依赖于企业家的价值观、进取心等相对不确定因素。此外，即使只考虑要素和产量调整，由于垄断企业具有产品价格控制能力，垄断行业能源消费下降幅度也要低于完全竞争行业。

除上述因素之外，企业垄断地位获得的途径也是重要影响因素。如果企业是通过发展专有技术或拥有专利而获得垄断地位，那么这种垄断的市场结构不仅对社会更有效率，而且这类企业往往更具有创新精神和经验，面对外部冲击采用技术创新的概率较高；如果企业是通过行政力量获得垄断地位，即所谓的行政垄断，那么企业技术创新的

[①] 在不存在技术因素情况下，垄断企业利润与能源价格的关系受到产品需求价格弹性的影响，这种关系可以通过一个简化的模型进行说明。应用 Putty-Clay 模型，不考虑技术因素，生产函数可以简化为 $Y = E^{\alpha}L^{\beta}$，其中 Y 为产出、E 为能源消耗、L 为劳动消费，假定垄断企业面临需求函数为 $P = bY^{-1/\theta}$，其中 P 为产品价格、θ 为需求价格弹性。通过对于在需求函数约束下，利润函数（$\pi = PY - P_E E - P_L L$）的最优化计算，可以得到垄断利润与能源要素价格的关系：$\pi = P_E^{\alpha(1-\theta)}C$，其中 C 是 b、$P_L$、$\theta$、$\alpha$、$\beta$ 的函数，为一个正数。由此可见，当垄断企业面临的需求曲线对价格具有弹性时，即 θ 大于 1，企业利润随能源价格上涨而减少；反之，当需求价格缺乏弹性时，θ 小于 1，企业利润随能源价格上涨而增加。

动力将明显较弱（赵玉林、朱晓海，2006）。总之，完全垄断企业尽管
具有较强的节能技术创新能力，但在价格冲击下，进行节能技术创新
活动的动力明显不足。

（三）寡头垄断、垄断竞争与节能技术创新

在寡头垄断与垄断竞争的市场结构中，企业既具有一定的垄断势
力，又面临较强的竞争。在能源价格上涨的冲击下，除了常规的要素
替代之外，上述市场结构也为企业提供了竞争的机会，即价格冲击为
企业提供了改变市场份额的机会。假定外部始终存在被所有企业了解
的节能技术，价格冲击前，行业中各企业之间处于平衡状态，即行业
中企业采用新技术成本与收益相等。假定行业中存在 n 个同质企业，
单位成本为 c，并面临一个线性反需求函数式（4-1），依照多厂商古
诺均衡可得行业产量与价格，分别如式（4-2）与式（4-3）所示，此
时单个企业的利润为式（4-4）。假定存在节能技术使得企业单位成本
降低为 c*，而获得这种技术成本为 F，由于该技术为公共知识，所有
企业均可以同样成本获得，因此，如果所有企业均采用同样的技术，
单个企业的利润将如式（4-5）所示。在均衡状态下，企业采用新技术
的成本将与收益相同，如式（4-6）所示。

$$P(Q) = a - bQ \tag{4-1}$$

$$Q = n(a - c)/(n + 1)b \tag{4-2}$$

$$P = (nc + a)/(n + 1) \tag{4-3}$$

$$\pi = (a - c)^2/b(n + 1)^2 \tag{4-4}$$

$$\pi^* = (a - c^*)^2/b(n + 1)^2 \tag{4-5}$$

$$\pi^* - \pi = [(a - c^*)^2 - (a - c)^2]/b(n + 1)^2 = F \tag{4-6}$$

假定出现价格冲击，原有成本 c 上升为 c′，企业利润下降为 π′，
此时厂商有两种选择：要素替代和采用新技术。要素替代可以使得厂
商单位成本下降为 c″，但由于要素边际报酬递减规律限制，c″虽然低
于 c′，但仍高于 c，因此，厂商此时采用新技术的收益仍高于成本，
如式（4-7）所示，因此，企业有采用新技术的激励。

$$\pi^* - \pi'' = \left[(a - c^*)^2 - (a - c'')^2 \right] / b(n + 1)^2 > F \tag{4-7}$$

更为重要的是，在不存在合谋的状态下，企业采用新技术的激励将很大。这主要是因为，如果只有某一企业采用新技术，那么该企业可以通过成本优势侵占其他企业的市场份额和利润。更为极端的情况，采用新技术的厂商通过成本优势获得垄断地位，此时，其产量、价格以及利润如式（4-8）、式（4-9）、式（4-10）所示，其利润将大幅提高，而不采用新技术厂商将被挤出行业，而且如式（4-11）所示，行业竞争越激烈，即 n 越大，单个企业采用新技术的收益越大。

$$Q_1 = (a - c^*) / 2b \tag{4-8}$$

$$P_1 = (a + c^*) / 2 \tag{4-9}$$

$$\pi_1 = (a - c^*)^2 / 4b \tag{4-10}$$

$$\pi_1 - \pi'' = (a - c^*)^2 / 4b - (a - c'')^2 / b(n + 1)^2 \tag{4-11}$$

此外，还有一种情况，如果厂商始终处于合谋状态，那么企业对能源价格冲击的反应将与垄断厂商相同，其可以通过产品价格调整来降低能源价格的冲击，而且即使利润有所下降，但其仍可以仅通过要素替代实现超额利润，因此其采用新技术的动力将减弱。相比较而言，行业竞争越激烈，企业合谋的可能性越小，这一方面是因为如式（4-11）所示，行业竞争越激烈，企业违约的可能性越大；另一方面是因为厂商数量越增加，合谋的难度越大。

由上可知，就激励而言，在介于完全垄断与完全竞争之间的市场结构中，行业竞争越激烈，企业在面临能源价格冲击的情况下，采用节能技术的动力越大。但从企业节能技术创新的能力角度，一般而言，垄断势力越强、规模越大的厂商，资本积累能力越强，因此，将激励和能力综合来看，市场结构处于中间水平时，更有利于行业节能技术创新。

综上所述，在不同市场结构中，处于中间状态的市场结构更有利于节能技术创新，面临激烈竞争的大企业节能技术创新最为活跃。也就是说，在面对同样的外部激励情况下，对于广义节能技术创新指标的能源效率，中间状态的市场结构应上升最快。另外还需要说明的是，上述分析延续标准的"Putty-Clay"模型，假定能源技术体现于资本之中，在特定资本情况下，劳动与能源具有替代关系。在更加严格的"Putty-Clay"模型中，技术的约束更为严格，特定资本对应固定的资本和劳动比率，在这种情况下，上面的分析仍然成立，只不过要素替代变为要素比率不变情况下的产量调整，结论并未发生变化。而且，在严格的"Putty-Clay"模型中，能源效率变化更能反映严格意义上的节能技术创新。

第二节　产业集中度与工业节能技术创新的经验研究

前面已从理论角度论述了市场结构在工业节能技术创新中的作用，本节将运用我国工业行业近年来的数据进行经验分析，借此说明我国工业行业产业集中度与节能技术创新的现实关系，并对上述理论进行检验。

一、我国工业行业产业集中度分析

产业集中度是衡量市场结构的重要方法，目前衡量产业集中度的指标主要包括两类，即绝对集中度指标和相对集中度指标。绝对集中度通常采用行业内规模最大若干企业的相关指标在行业中的比重表示，具体计算公式如式（4-12）所示，其中 n 为规模最大的企业个数，通常采用 4 或 8，而 x_i 可以是销售额、资产、收入、劳动力等指标。绝对集中度指标简单明了，但由于较为简单，代表能力有限，同时受到企业数量选择的限制。

$$CR_n = \sum_{i=1}^{n} x_i / \sum^{\text{全部}} x_i \qquad (4-12)$$

与绝对集中度相比，相对集中度指标更为复杂，指标种类也较多，其中较为重要的指标包括洛伦茨曲线、基尼系数、赫芬达尔指数等。洛伦茨曲线基本做法是从小到大将企业累计数量百分比与累计市场份额百分比描绘成曲线，将其与同样规模企业构成的均等分布线进行比较，以此表示行业相对集中度。基尼系数是"均等分布线与洛伦茨曲线之间的面积"与"占均等分布线与坐标轴之间面积"的百分比，其越大说明垄断程度越高。赫芬达尔指数指行业内所有企业市场份额平方和，值越大，代表行业垄断程度越高。产业集中度的指标各有优缺点，两者结合使用能够更加准确地描述市场结构。

产业集中度的指标选择在很大程度上受数据获得性的影响。吴福象、周绍东（2006）在分析产业集中度与企业技术创新行为中，采用绝对集中度与相对集中度相结合的方法对工业行业进行分类，其相对集中度采用"规模差异系数"表示。所谓"规模差异系数"指行业前几位企业的平均规模与行业平均规模的差异，差异越大说明相对集中度越高，该指标的具体计算公式如式（4-13）所示。该方法虽然存在一定的问题，但其较为直观，而且对数据的要求较低，本书也将采用该方法。

$$GC_n = CR_n / C_n \qquad (4-13)$$

其中，C_n = n/行业中企业数量。

在吴福象、周绍东（2006）的分析中，采用了2002年企业数据，选择了4位数企业的集中度指标。笔者认为，由于工业企业的数量较大，因此采用8位数集中度指标似乎更为合适。鉴于此，本书依据《中国统计年鉴2006》与《2005中国大型工业企业》中2004年的相关数据，对工业行业的集中度进行了重新计算。在行业分类方面，本书选择2位数行业代码，共选取了37个工业行业作为分析对象。在数据选择上，本书选择主营业务收入指标来计算产业集中度，选择该指标主要是考虑到数据的可获得性和本书分析的具体性质。2004 年工业行业 8 位数产业绝对集中度与相对集中度指标如表 4-2 所示。

表 4-2　2004 年工业行业产业集中度

行业	CR8 (%)	GC8	行业	CR8 (%)	GC8
煤炭开采和洗选业	20.81	698.18	医药制造业	11.04	155.93
石油和天然气开采业	55.05	33.17	化学纤维制造业	24.59	104.00
黑色金属矿采选业	20.48	262.67	橡胶制品业	18.57	352.59
有色金属矿采选业	32.77	249.31	塑料制品业	3.61	314.94
非金属矿采选业	9.06	396.11	非金属矿物制品业	2.52	497.90
农副食品加工业	6.51	567.11	黑色金属冶炼及压延加工业	24.75	635.04
食品制造业	10.82	404.30	有色金属冶炼及压延加工业	11.05	209.73
饮料制造业	20.46	652.75	金属制品业	4.20	425.08
烟草制品业	39.82	14.28	通用设备制造业	5.76	819.49
纺织业	5.02	521.84	专用设备制造业	7.10	489.32
纺织服装、鞋、帽制造业	6.29	379.62	交通运输设备制造业	27.33	1839.55
皮革、毛皮、羽毛（绒）及其制品业	6.09	172.81	电气机械及器材制造业	16.11	1211.14
木材加工及木、竹、藤、棕、草制品业	6.09	304.15	通信设备、计算机及其他电子设备制造业	12.49	426.95
家具制造业	7.67	229.26	仪器仪表及文化、办公用机械制造业	14.69	307.05
造纸及纸制品业	9.43	468.09	工艺品及其他制造业	4.90	199.45
印刷业和记录媒介的复制	4.85	249.90	电力、热力的生产和供应业	33.71	1036.79
文教体育用品制造业	6.93	126.58	燃气生产和供应业	16.32	29.51
石油加工、炼焦及核燃料加工业	27.57	246.86	水的生产和供应业	11.99	175.46
化学原料及化学制品制造业	11.43	1074.20	平均值	15.08	440.03
剔除石油加工、炼焦及核燃料加工业，化学原料及化学制品制造业，化学纤维制造业，电力、热力的生产和供应业，燃气生产和供应业五行业后的平均值				13.88	430.93

资料来源：2004 年各行业前 8 位企业的主营业务收入依据中国统计出版社《2005 中国大型工业企业》排名计算；2004 年全行业数据依据国家统计局《中国统计年鉴 2006》数据整理。

工业能耗包括两种类型：第一种是将能源作为动力，大多数工业行业的能源使用属于这种类型；第二种是将能源作为原材料和加工对象。尽管上述两种类型行业的节能技术创新均属于过程创新，前面的理论分析对于这两类行业也均适用，但考虑到能源使用的差异，为了更加准确，本书经验分析中将两类行业分开讨论。此外，虽然第二类行业中能源也被部分作为动力，但由于统计数据并未分离，本书不再区分。依据国民经济行业分类（GB/T 4754-2002）的行业分类说明，属于第二种耗能类型的行业包括：石油加工、炼焦及核燃料加工业，化学原料及化学制品制造业，化学纤维制造业，电力、热力的生产和供应业，燃气生产和供应业。对于第一种耗能类型的 32 个行业，依据各行业 CR8 和 GC8 与平均值的比较，可以将工业行业分为四类市场结构：CR8 大于 13.88%、GC8 大于 430.93 为第一类；CR8 大于 13.88%、GC8 小于 430.93 为第二类；CR8 小于 13.88%、GC8 大于 430.93 为第三类；CR8 小于 13.88%、GC8 小于 430.93 为第四类。第一类行业绝对集中度与相对集中度均较高，其垄断性最强；第二类行业，虽然绝对集中度较高，但相对集中度较低，具有一定的垄断性；第三类行业，绝对集中度较低，但相对集中度较高，同样具有一定的垄断性；第四类行业，绝对集中度与相对集中度均较低，其竞争最为激烈。表 4-3 为依据上述标准各行业的归类，由此可见，归属第四类市场结构的行业数量最多。

表 4-3　工业行业产业集中度分类

第一类	第二类	第三类	第四类
煤炭开采和洗选业 饮料制造业 黑色金属冶炼及压延加工业 交通运输设备制造业 电气机械及器材制造业	石油和天然气开采业 黑色金属矿采选业 有色金属矿采选业 烟草制品业 橡胶制品业 仪器仪表及文化、办公用机械制造业	农副食品加工业 纺织业 造纸及纸制品业 非金属矿物制品业 通用设备制造业 专用设备制造业	非金属矿采选业；食品制造业；纺织服装、鞋、帽制造业；皮革、毛皮、羽毛（绒）及其制品业；木材加工及木、竹、藤、棕、草制品业；家具制造业；印刷业和记录媒介的复制；文教体育用品制造业；医药制造业；塑料制品业；有色金属冶炼及压延加工业；工艺品及其他制造业；金属制品业；通信设备、计算机及其他电子设备制造业；水的生产和供应业

资料来源：依据表 4-2 整理。

二、我国工业行业能源效率分析

2003~2006 年，我国工业行业能源效率整体呈现上升趋势，但行业之间差异较大。从公布的我国现有统计数据看，行业能耗数据为全行业数据，而工业行业增加值却是以企业不同分类为依据的数据，其中最接近全行业水平的数据为国有及规模以上非国有企业的数据。由于我国规模以上企业的标准较低（年产品销售收入 500 万元以上的企业），因此部分研究以国有及规模以上非国有企业数据代表全行业的数据（周鸿、林凌，2005）。同时，尽管我国规模以上企业的标准并不高，具有较强的代表性，但不同行业中国有及规模以上非国有企业比重略有不同。如表 4-4 所示，以 2004 年公布的全行业数据来分析，不同行业国有及规模以上非国有企业的资产比重略有差异。因此，本书分别采用两种方法表示能源效率，第一种方法是使用国有及规模以上非国有企业增加值代表行业增加值；第二种方法是通过 2004 年资本比重进行加权测算增加值。下面将第一种方法测算的能源效率称为能源效率 1，而将第二种方法测算的能源效率称为能源效率 2。

表 4-4　2004 年国有及规模以上非国有企业资产总额占全行业的比重

单位：%

行业	占比	行业	占比
煤炭开采和洗选业	86.23	医药制造业	90.83
石油和天然气开采业	89.75	化学纤维制造业	87.94
黑色金属矿采选业	55.78	橡胶制品业	76.40
有色金属矿采选业	79.70	塑料制品业	68.29
非金属矿采选业	71.48	非金属矿物制品业	75.30
农副食品加工业	78.11	黑色金属冶炼及压延加工业	91.74
食品制造业	77.59	有色金属冶炼及压延加工业	87.87
饮料制造业	89.82	金属制品业	72.51
烟草制品业	99.79	通用设备制造业	75.30
纺织业	80.52	专用设备制造业	79.19
纺织服装、鞋、帽制造业	77.89	交通运输设备制造业	88.90
皮革、毛皮、羽毛（绒）及其制品业	82.87	电气机械及器材制造业	83.17
木材加工及木、竹、藤、棕、草制品业	61.57	通信设备、计算机及其他电子设备制造业	90.65
家具制造业	61.39	仪器仪表及文化、办公用机械制造业	79.61
造纸及纸制品业	76.02	工艺品及其他制造业	61.00
印刷业和记录媒介的复制	69.62	电力、热力的生产和供应业	71.88
文教体育用品制造业	74.85	燃气生产和供应业	76.50
石油加工、炼焦及核燃料加工业	89.64	水的生产和供应业	81.30
化学原料及化学制品制造业	85.79	平均	81.16

资料来源：依据《中国统计年鉴》（2005，2006）计算。

此外，由于行业产品价格指数变化存在较大差异，因此，本书采用分工业行业的工业品出厂价格指数对 2006 年的各行业增加值进行调整，将 2006 年各行业增加值折算为以 2003 年各行业价格为基准的增加值。2003 年与 2006 年能源效率 1、能源效率 2 以及其相应的变化率的具体数据如表 4-5 所示。由于假定国有及规模以上非国有企业比重变化较小，因此，尽管能源效率 1 和能源效率 2 数值上略有差异，但其变化率相同。由表 4-5 可见，2003~2006 年，除了石油、炼焦及核燃料加工业之外，其他行业能源效率均明显提高。

表4-5　工业行业能源效率及其变化

单位：万元/吨标准煤

	能源效率 1			能源效率 2		
	2003 年	2006 年	变化率(%)	2003 年	2006 年	变化率(%)
煤炭开采和洗选业	0.21	0.35	63.86	0.25	0.41	63.86
石油和天然气开采业	0.52	0.87	68.47	0.58	0.97	68.47
黑色金属矿采选业	0.26	0.33	26.93	0.47	0.60	26.93
有色金属矿采选业	0.31	0.54	74.42	0.39	0.68	74.42
非金属矿采选业	0.21	0.36	69.68	0.29	0.50	69.68
农副食品加工业	0.95	1.40	48.30	1.21	1.80	48.30
食品制造业	0.77	1.11	42.94	1.00	1.43	42.94
饮料制造业	1.13	1.49	31.82	1.26	1.66	31.82
烟草制品业	5.94	10.00	68.41	5.95	10.02	68.41
纺织业	0.55	0.64	17.05	0.68	0.80	17.05
纺织服装、鞋、帽制造业	2.29	2.90	26.53	2.95	3.73	26.53
皮革、毛皮、羽毛（绒）及其制品业	2.43	3.23	32.70	2.93	3.89	32.70
木材加工及木、竹、藤、棕、草制品业	0.63	0.84	32.92	1.03	1.36	32.92
家具制造业	1.69	3.33	97.28	2.75	5.43	97.28
造纸及纸制品业	0.29	0.39	35.52	0.38	0.51	35.52
印刷业和记录媒介的复制	0.92	1.94	111.45	1.32	2.78	111.45
文教体育用品制造业	1.70	2.21	30.42	2.26	2.95	30.42
石油加工、炼焦及核燃料加工业	0.14	0.12	-16.59	0.16	0.13	-16.59
化学原料及化学制品制造业	0.14	0.18	25.97	0.17	0.21	25.97
医药制造业	1.00	1.59	59.20	1.10	1.75	59.20

	能源效率 1			能源效率 2		
	2003 年	2006 年	变化率 (%)	2003 年	2006 年	变化率 (%)
化学纤维制造业	0.13	0.37	176.13	0.15	0.42	176.13
橡胶制品业	0.50	0.55	9.48	0.66	0.72	9.48
塑料制品业	0.93	0.94	1.28	1.37	1.38	1.28
非金属矿物制品业	0.14	0.17	25.65	0.18	0.23	25.65
黑色金属冶炼及压延加工业	0.12	0.14	16.74	0.13	0.15	16.74
有色金属冶炼及压延加工业	0.17	0.23	36.54	0.19	0.26	36.54
金属制品业	0.57	0.77	33.97	0.79	1.06	33.97
通用设备制造业	1.04	1.55	48.16	1.39	2.05	48.16
专用设备制造业	1.09	1.63	49.32	1.38	2.06	49.32
交通运输设备制造业	1.75	2.39	36.61	1.97	2.69	36.61
电气机械及器材制造业	2.27	3.04	33.56	2.73	3.65	33.56
通信设备、计算机及其他电子设备制造业	3.33	4.64	39.27	3.68	5.12	39.27
仪器仪表及文化、办公用机械制造业	2.23	4.40	96.85	2.81	5.52	96.85
工艺品及其他制造业	0.27	0.48	77.40	0.45	0.79	77.40
电力、热力的生产和供应业	0.27	0.36	33.23	0.38	0.50	33.23
燃气生产和供应业	0.15	0.26	75.54	0.19	0.34	75.54
水的生产和供应业	0.35	0.37	5.27	0.43	0.45	5.27

注：能源效率 1 中增加值为国有及规模以上非国有企业数据，能源效率 2 中增加值为 2004 年国有及规模以上非国有企业资产总额比重加权的数据；增加值均以 2003 年价格为基准。

资料来源：依据《中国统计年鉴》数据计算。

三、产业集中度与工业节能技术创新的关系

根据表 4-5 的数据可以测算出每一类市场结构行业的能源效率变化情况，由于假定国有及规模以上非国有企业比重变化较小或者不变，对于变化率而言，能源效率 1 与能源效率 2 结果相同，同时考虑到能源效率 2 更为准确，因此，本书只对能源效率 2 进行介绍。表 4-6 显示了各类型市场结构行业能源效率变化情况。其中第一类行业中，能源效率加总变化率与平均变化率差异较大的原因在于，黑色金属冶炼及压延加工业的能耗比重较高，但能源效率变化率较小。

表4-6　不同类型市场结构行业能源效率变化情况

单位：万元/吨标准煤

	2003 年能源效率	2004 年能源效率	加总变化率（%）	平均变化率（%）
第一类行业	0.34	0.39	17.36	36.52
第二类行业	0.83	1.28	54.65	57.43
第三类行业	0.48	0.64	32.76	37.33
第四类行业	0.91	1.29	41.22	46.46

注：其中平均变化率为每一类行业能源效率变化率的平均值。
资料来源：依据《中国统计年鉴》及表4-5数据计算。

与吴福象、周绍东（2006）的2002年工业行业市场结构分类相比，除了饮料制造业，非金属矿采选业，造纸及纸制品制造业，专用设备制造业，通信设备、计算机及其他电子设备制造业分类略有不同之外，其他分类均一致，这说明2002~2004年我国工业行业市场结构变化不大。表4-7显示依据吴福象、周绍东（2006）2002年分类计算的能源效率变化，与表4-6对比可知，基本趋势变化并不明显。

表4-7　以2002年市场结构分类的行业能源效率变化情况

单位：万元/吨标准煤

	2003 年能源效率	2006 年能源效率	加总变化率（%）	平均变化率（%）
第一类行业	0.32	0.37	17.74	37.69
第二类行业	0.78	1.20	54.06	59.18
第三类行业	0.62	0.84	35.65	35.69
第四类行业	0.76	1.01	32.89	41.81

注：行业分类依据吴福象、周绍东（2006）对2002年产业集中度计算结果，其中第一类包括煤炭开采和洗选业，黑色金属冶炼及压延加工业，交通运输设备制造业，电气机械及器材制造业；第二类包括石油和天然气开采业，黑色金属矿采选业，有色金属矿采选业，非金属矿采选业，烟草制品业，橡胶制品业，仪器仪表及文化、办公用机械制造业；第三类包括农副食品加工业，纺织业，非金属矿物制品业，通用设备制造业，通信设备、计算机及其他电子设备制造业；第四类包括食品制造业，饮料制造业，纺织服装、鞋、帽制造业，皮革、毛皮、羽毛（绒）及其制品业，木材加工及木、竹、藤、棕、草制品业，家具制造业，印刷业和记录媒介的复制，文教体育用品制造业，医药制造业，塑料制品业，造纸及纸制品制造业，有色金属冶炼及压延加工业，金属制品业，专用设备制造业，水的生产和供应业。

由表4-6与表4-7可以看出，相对集中度的重要性要高于绝对集中度，即相对集中度低的行业能源效率提高更快，说明行业竞争越激烈，对能源价格影响越明显。而在4种市场集中度分类中，绝对集中度高、相对集中度低的行业其能源效率提高速度最快，而绝对集中度高和相对集中度低说明行业内企业不仅规模较大，而且其规模较为接近，因此该类行业中的企业不仅节能技术创新的激励较强，而且也具有较强的节能技术创新的能力。相比较而言，第一类行业与第三类行业能源效率提高速度较慢，这一方面反映了相对集中度高造成垄断企业激励不足，另一方面由于行业中不处于领先地位的厂商规模过小，造成这些厂商节能技术创新能力欠佳。

上文通过能源效率说明产业集中度对广义节能技术创新的影响，而广义节能技术创新中包括配置效率的提高（要素替代）和狭义的节能技术创新，因此这里有必要作进一步说明。为了进一步说明市场结构对狭义的节能技术创新的影响，首先对能源相对价格变化时，不同市场结构企业的要素替代进行说明。假定行业面对的需求曲线如式（4-14）所示，其中 θ 为产品需求弹性，假定企业生产函数服从柯布—道格拉斯形式（忽略了全要素生产率的影响）。运用 Putty-Clay 模型的思路，假定在投资前能源与要素具有互补关系，而投资后可以通过调整能源技术资本与能源比例，在能源技术不变的前提下，企业可以通过配置能源与劳动的比例实现最优。因此，在不进行节能技术创新的情况下，企业生产函数可以简化为式（4-15），其中，Y 为产出，L 为劳动投入，E 为能源消耗。

$$P = bY^{-1/\theta} \tag{4-14}$$

$$Y = E^{\alpha}L^{\beta} \tag{4-15}$$

假定企业为垄断企业，其最优行为可以由式（4-16）表示，其中 P 为产品价格、P_E 为能源价格、P_L 为劳动价格。

$$\max \pi = PY - P_EE - P_LL \tag{4-16}$$

$$\text{s.t.} \quad Y = E^{\alpha}L^{\beta}；\quad P = bY^{-1/\theta}$$

由一阶条件可知：

$$\partial\pi/\partial E = b(1 - 1/\theta)Y^{-1/\theta}\partial Y/\partial E - P_E = 0 \tag{4-17}$$

由生产函数可得：

$$\partial Y/\partial E = \alpha Y/E \tag{4-18}$$

将式（4-17）、式（4-18）与产品需求函数联合可得：

$$Y/E = P_E/[\alpha P(1 - 1/\theta)] \tag{4-19}$$

因此，垄断企业仅通过要素替代应对能源价格变化，其能源效率与能源相对价格的弹性为1。

假定行业为完全竞争，此时厂商最优决策如式（4-20）所示，其没有价格控制能力。同理可以推出式（4-21），此时完全竞争厂商的能源效率与能源相对价格的弹性也为1。而对于介于完全竞争与完全垄断之间的厂商，其对于剩余需求曲线具有垄断性，同样可以得出，在仅有要素替代情况下，其能源效率与能源相对价格的弹性为1。

$$\max \pi = PY - P_E E - P_L L \tag{4-20}$$

$$s.t. \quad Y = E^\alpha L^\beta$$

$$Y/E = P_E/\alpha P \tag{4-21}$$

上述简单的推导说明，在有要素替代情况下，对于相同能源相对价格变化率，不同市场结构行业的厂商能源效率变化率应该相同或接近。对于同样的能源价格变化，由于垄断程度越高的行业厂商对价格控制能力越强，相对价格上升越慢，通过要素替代实现能源效率的变化率应越低，因此，能源效率对于能源绝对价格的弹性应更低。

由本章第一节可知，由于节能技术创新能力不足，处于完全竞争市场结构的规模小的厂商主要采用要素替代来应对能源价格变化。如果假定第四类行业均采用提高配置效率来实现能源效率提高，由表4-6与表4-7可以看出，第一类与第三类行业基本也不存在狭义的节能技术创新，而且由于具有价格控制能力，对于同样的能源价格变化，该两类行业配置效率提高要低于第一类行业；相比之下，第二类行业能源效率变化率明显高于第四类行业，如以第四类行业为基准，第二类行业狭义节能技术创新使得能源效率提高11%~17%，如果考虑该类行业价格控制能力，面对能源名义价格同样变化，第二类行业狭义节能技术创新的比重更高。

上述关于产业集中度与节能技术创新的研究证明了前面理论分析的结论：市场集中度处于中间水平的行业、企业规模较大且竞争激烈的行业节能技术创新最活跃。

四、补充分析：以能源为原料行业的节能技术创新

前面分析主要集中于将能源作为动力的行业，而将以能源作为原料的行业剔除，该类行业主要包括石油加工、炼焦及核燃料加工业，化学原料及化学制品制造业，化学纤维制造业，电力、热力的生产和供应业，燃气生产和供应业。由表 4-2 可知，依照产业集中度的分类，这 5 个行业分属三个类型。与前面对应，电力、热力的生产和供应业属于第一类；石油加工、炼焦及核燃料加工业，化学纤维制造业，燃气生产和供应业属于第二类；化学原料及化学制品制造业属于第三类。就其能源效率表现而言，除了石油加工、炼焦及核燃料加工业之外，其他行业表现与前面分析结果一致：第二类行业能源效率提高最快，化学纤维制造业为 176.13%，燃气生产和供应业为 75.54%；第一类行业与第三类行业基本接近，均明显低于第二类行业，其中电力、热力的生产和供应业为 33.23%，化学原料及化学制品制造业为 25.97%。因此，市场结构对上述行业的影响同样表现为市场集中度处于中间水平，即绝对集中度高、相对集中度低的行业节能技术创新最为活跃。由此可见，经验分析结论也表明了上述两种能耗类型行业节能技术创新的内在一致性。

至于石油加工、炼焦及核燃料加工业，与其他行业不同，该行业是唯一能源效率下降的行业，下降幅度达 16.59%。笔者认为，造成这种现象的原因主要在于石油行业"交叉补贴"的存在。"我国由于管理体制和技术等方面的原因，在实际中往往自然垄断业务和竞争性业务难以严格区分，这就导致为使利益最大化，经营主体经常将垄断经营延伸到竞争业务领域"，这也是我国石油天然气行业改革的难点（刘世锦、冯飞等，2003）。对于能源问题来说，这一现象在石化行业表现得

尤为明显，石油加工、炼焦及核燃料加工业的主要子行业——原油加工及石油制品制造业的 44 个大型企业大都属于中石化和中石油两大石油集团。交叉补贴的存在，一方面使得能源价格机制基本失效，另一方面也不利于该行业竞争压力的形成，即使行业相对集中度较低，但由于行业中主要企业通过关联企业的垄断地位具有明显的资源优势，加之该行业具有较强的资源依赖性，因此，其他企业无法对该部分企业构成竞争威胁，市场竞争机制也基本或部分失效。

第三节　企业规模与工业节能技术创新研究

前面经验研究主要侧重产业层面的分析，更多地侧重产业集中度的影响。企业规模是另外一个重要影响因素，本节主要研究我国不同规模企业节能技术创新的具体情况。

一、中小企业能源利用效率

中小企业是我国经济发展的重要组成部分，依靠灵活多变的经营方式、快速反应的内在机制，中小企业在满足社会多样化需求、填补大企业经营空白、吸收劳动力方面发挥着重要作用。但是，由于企业规模较小、人才与资金短缺、更重视短期收益以及地方政府的保护，中小企业普遍存在技术水平低下、设备落后、经营方式粗放等问题。因此，综合来看，中小企业，特别是小型企业，能源利用效率普遍较低。2004 年，国家发展和改革委员会能源研究所对我国中小型工业企业节能状况进行了调查，此次调查主要针对水泥、合成氨、石灰、墙体材料、建筑和卫生陶瓷 5 个典型的高耗能行业的中小企业能源利用状况，结果显示，尽管 5 个行业能源利用效率均有不同程度的提高，但中小企业能源技术仍低于大型企业（刘志平、周伏秋、熊华文，

2004）。就总体而言，中小企业产品单耗比国内大型企业的同类产品平均高出 30%~60%，例如，目前我国大型水泥生产企业均采用 2000 吨/天规模以上的新型干法装置，其技术水平同国际先进水平相差不大；以乡镇企业为主体的中小水泥企业 80% 以上采用立窑生产，机械化程度低，技术水平相当落后。同时，我国中小企业产品能耗要远高于国际先进水平，该次调查显示中小水泥企业能耗与国际先进水平差距为 41.7%；以煤和焦炭为原料的中小合成氨企业与国外以天然气为原料的大型合成氨企业能耗差距为 80%~90%；中小企业轮窑和土窑烧砖与先进水平能耗差距为 17.5% 和 1.5 倍；采用普立窑和土窑烧石灰与先进水平能耗差距为 33.3% 和 73.3%。除了上述调查外，2007 年山东造纸工业研究设计院等单位对山东省造纸行业节能状况进行调查，也得出类似的结论（孙平、王吉忠、形明康，2007），即规模较小的万吨及以下的企业能源利用效率较低。

二、大型企业与中型企业比较研究

由于目前我国缺乏不同规模企业节能技术创新的相关统计数据，只能采用相关的替代数据。鉴于前文对工业节能技术创新的界定及特性分析，工业节能技术创新具有典型的固化于资本过程创新的特性，因此，本书采用技术改造数据进行替代比较研究。据统计，2005 年我国大型工业企业工业总产值约为 89054 亿元，技术改造费用约为 2109 亿元；而中型工业企业实现工业总产值约为 74961 亿元，技术改造费用约为 684 亿元。由此可见，我国大型工业企业技术改造强度（技术改造费用/工业总产值费用）明显高于中型企业，其中大型企业技术改造强度约为 2.37%，中型企业技术改造强度约为 0.91%，两者相差 1.46 个百分点。为了能够更好地体现节能技术创新的差异，本书选择了工业行业中高耗能的 10 个行业进行比较，具体结果参见表 4-8。在 10

个高耗能行业中，除造纸及纸制品制造业之外，[①] 大型企业的技术改造强度均高于中型企业，特别是耗能最为突出的黑色金属冶炼及压延加工业、化学原料及化学制品制造业、非金属矿物制品业大型企业技术改造强度明显高于中型企业。由此可见，大型企业的技术创新要优于中型企业。

表4-8 2005年高耗能行业大中型企业技术改造比较

单位：%

	能耗占工业的比重	大型企业技术改造强度	中型企业技术改造强度	差距
黑色金属冶炼及压延加工业	22.77	7.12	0.67	6.45
化学原料及化学制品制造业	14.23	4.33	2.15	2.18
非金属矿物制品业	11.93	3.00	0.92	2.08
电力、热力的生产和供应业	10.00	1.19	1.12	0.07
石油加工、炼焦及核燃料加工业	7.52	1.47	0.49	0.98
有色金属冶炼及压延加工业	4.55	4.33	0.58	3.75
煤炭开采和洗选业	4.38	2.50	0.83	1.67
纺织业	3.15	1.36	0.74	0.62
石油和天然气开采业	2.38	0.24	0.02	0.22
造纸及纸制品业	2.07	0.99	1.27	−0.28

资料来源：依据中国统计出版社《工业企业科技活动统计资料2006》计算。

与中型企业相比，大型企业节能技术创新较为活跃，究其原因，除了大企业资金、技术、人才等方面的优势外，国家能源强度考核指标及对污染排放的控制也是重要原因。虽然，总体而言，大型企业能源利用效率比中小企业高，但其能源消耗量大、污染排放量大，能源效率和污染变化对所在区域整体水平具有决定性影响，因此，该类企业也是地方政府重点关注的对象。同时，大企业污染检测较为容易，其污染排放更容易控制，这也强化了相关企业技术水平的提高。

----

① 造纸及纸制品制造业中，2005年中型企业技术改造强度要高于大型企业，造成这种情况的原因可能有该行业技术的特殊性，同时，笔者认为国家对造纸行业污水排放治理的力度加大是重要原因，相比较而言，中小型企业污染较为严重，相关治理强化了该行业污染较高的中小企业的技术改造。

三、不同规模企业节能技术创新潜力

由前文可知，中小型工业企业能源利用效率普遍要低于大型工业企业，加之我国部分大型工业企业能源利用效率已经接近国际先进水平，因此，提高中小企业能源效率是我国未来工业节能技术创新的重要内容。但与此同时，大型工业企业仍存在较大的节能技术进步的空间。首先，尽管我国部分大型企业技术水平已接近国际先进水平，但如前所述，我国大型企业能源利用技术整体水平仍明显低于国际先进水平；其次，我国大型工业企业之间能源利用技术水平也存在较大差异，以钢铁行业为例，虽然宝钢、武钢等部分企业主要能源效率指标已经达到或接近国际先进水平，但其他大型企业仍存在明显差异，如表4-9所示。

表4-9　2003年国内大型钢铁企业能耗比较

	钢产量（万吨）	总能耗（万吨标准煤）	吨钢综合能耗（吨标准煤）	与宝钢的差距（吨标准煤）
鞍山钢铁集团公司	1017.67	904.58	0.889	0.214
武汉钢铁（集团）公司	831.38	653.3	0.786	0.111
首钢总公司	815.07	647.37	0.794	0.119
马鞍山钢铁股份公司	606.21	472.58	0.78	0.105
攀枝花钢铁（集团）公司	400.88	379.15	0.946	0.271
包头钢铁公司	525.06	535.25	1.019	0.344
太原钢铁（集团）公司	317.64	287.15	0.904	0.229
本溪钢铁（集团）公司	468.66	465.91	0.994	0.319
唐山钢铁集团公司	608.12	462.47	0.76	0.085
邯郸钢铁集团公司	500.24	388.18	0.776	0.101
济南钢铁集团总公司	505.02	381.39	0.755	0.08
安阳钢铁集团公司	463.89	362.07	0.781	0.106
宝山钢铁（集团）公司	1154.73	779.59	0.675	

资料来源：中国钢铁工业协会科技环保部：《中国钢铁工业能耗现状与节能前景》，《冶金管理》，2004年第9期。

第四节　制约我国工业节能技术创新的
市场结构因素

依据上述经验研究的结论和相关行业的分析，目前制约我国工业节能技术创新的市场结构因素主要包括以下几个方面。

一、主要高耗能工业行业相对集中度过高是制约我国工业节能技术创新的重要因素

从数据分析结果来看，目前我国工业中主要耗能行业的相对集中度普遍偏高，在 10 个主要耗能行业中，7 个行业的相对集中度超过了平均水平，黑色金属冶炼及压延加工业为 635.04，化学原料及化学制品制造业为 1074.20，非金属矿物制品业为 497.90，电力、热力的生产和供应业为 1036.76，煤炭开采和洗选业为 698.18，纺织业为 521.84，造纸及纸制品业为 468.09，这 7 个行业 2005 年能源消耗占工业能源消耗的 68.53%。相对集中度过高说明行业内部企业之间两极分化现象严重，即少量规模大的企业与大量规模过小企业的共存，这种市场结构一方面使得大企业具有较强的垄断势力，另一方面也使得大量的中小企业由于规模过小而缺乏节能技术创新的能力。这一点在前面分析中得到充分反映，依照前文分类，这 7 个行业分属第一类和第三类行业，其能源效率变化均明显低于第二类行业，同时也低于绝对集中度低、相对集中度也低的第四类行业。

二、大企业工业节能技术创新面对激励和规模双重制约

从激励角度来看，大型企业往往具有的垄断地位，具有较强的产品价格控制能力和决定权，面对能源价格上涨，该类企业受到的冲击

要低于处于竞争环境中的中小型企业，节能技术创新的激励相对不足。前面分析中，第一类行业大型企业占主导地位，但该行业能源效率提高的速度要远低于第二类行业，企业规模差距过大导致的大型企业缺少创新激励是其中重要原因。此外，大型企业之间比较容易实现合谋或形成行为上的默契，这种行为将增强大型企业的垄断地位，更大幅度降低能源成本变化的冲击，减弱节能技术创新的动力。

然而，激励不足并非要降低大企业的规模。工业节能技术往往固化于资本中，节能技术创新通常涉及较大规模投资，更为重要的是，节能技术大都存在明显的规模经济问题（见表4-10、表4-11），即先进的节能技术与规模生产密切相关。尽管在国内同行业中规模较大，但我国大型企业在国际比较中规模依然偏小，以钢铁行业为例，2004年我国钢铁行业的CR4为18.52%，而同期世界主要国家的钢铁行业集中度分别为：巴西99%、韩国88.3%、日本73.2%、印度67.7%、美国61.1%、俄罗斯69.2%（徐康宁、韩剑，2006）。2005年我国粗钢产量200万吨以上的企业有47家，却没有1家进入世界前五名，我国最大的钢铁企业宝钢集团公司排第6名，粗钢产量与第5名的JFE钢铁公司相差近700万吨（魏建新，2007）。

表4-10　不同规模炼钢设备能耗比较

	300立方米以下高炉 20吨以下转炉、电炉	1000立方米以下高炉 120吨转炉、70吨电炉	指标比较
吨铁工序能耗（千克标准煤/吨）	499	420	79
吨铁入炉焦比（千克标准煤/吨）	542	340	202
吨铁喷煤比（千克/吨）	125	180	-55
吨钢耗电（千瓦时/吨）	500	250	250

资料来源：王景泰等：《我国钢铁工业节能降耗现状分析》，《中国钢铁业》，2007年第31期。

表4-11　我国部分大中型企业规模能耗比较

企业规模（万吨/年）	大于100	61~100	41~60	20~40
平均水泥综合能耗（千克/吨）	155.62	193.58	207.40	230.41

资料来源：王承敏：《水泥工业的节能与环保》，《建材工业信息》，1999年第4期。

综合上述两方面，我国大型企业节能技术创新问题的出路主要在于：在行业中积极培育多个具有国际水平的大型企业，鼓励大型企业参与国际竞争，严格限制合谋等损害竞争的行为，在继续提高大型企业规模的同时，增加大型企业的竞争压力。

三、能力问题是制约我国中小型企业节能技术创新的主要因素

上述分析显示，我国大多数工业企业规模均偏小，在 37 个工业行业中，仅 8 个行业属于第二类行业，即绝对集中度高、相对集中度低的行业；23 个行业属于第三类与第四类行业，即绝对集中度低的行业；另外 6 个行业属于第一类行业，尽管绝对集中度高，但由于相对集中度也高，因此该类行业主要是由大量小规模企业构成。与大型企业不同，中小型企业面临激烈的竞争压力，对于能源价格等市场信号的反应更加迅速，获得垄断地位的激励更强，具有较强的节能技术创新的动力。但是，由于规模较小，资金与人才较为短缺，节能技术创新的能力明显不足，很难应对资金需求较大的节能技术创新改造。2000 年，广东省中小企业问卷调查显示，缺乏资金是企业发展面临的最大问题，资金不足主要表现在两个方面：大多数企业自有财力无法支撑自身发展；中小企业对外融资困难，融资渠道少且融资成本高。财力不足又直接导致人才资源的匮乏，财力、人力短缺使得企业缺乏技术创新能力（张丙申等，2000）。2002 年，江苏省中小制造企业调查显示了同样的结论，由于资金、人才的缺乏，一半企业的设备是国内 20 世纪七八十年代的水平（赵艳萍等，2003）。综合来看，为中小企业搭建资金、人才、技术平台，促进中小企业之间合作、联合，提高中小企业节能技术创新能力是我国现阶段加速工业节能技术创新的重要途径之一。

四、部分行业的行政垄断制约我国工业节能技术创新

经典经济学中，完全竞争的市场结构最有有利于资源配置，但考

虑到技术创新，垄断企业具有一定优势，综合来看，垄断与竞争各具优劣势。由前文分析可知，适度垄断的市场结构更有利于技术创新，但这种垄断应该建立在市场机制的基础上，而非通过行政壁垒形成。所谓行政垄断是企业通过行政命令而形成的垄断地位。由于行政壁垒的存在，这些企业在享受高利润的同时，面临的竞争压力非常小，不进行技术创新仍能够享受较高的收益，"即使偶尔确实有技术创新的出现，也是行政命令或者技术本身的发展所致"（赵玉林、朱晓海，2006）。更为严重的是，行政垄断企业往往会通过企业垄断地位向产业链的其他环节进行扩展，进而影响到其他行业的技术创新行为。前面提到的石油加工、炼焦及核燃料行业的情况较为突出，从集中度分类角度，该行业属于最利于节能技术创新的第二类行业，但从效果来看，该行业是唯一的能源效率下降的行业，下降幅度超过了16%，上游行政垄断行业的影响是重要原因。除此之外，电网企业的行政垄断地位挤压了上游电厂行业的利润，进而影响到电力行业中主要耗能部分的节能技术创新能力，2004年我国最大的电厂——华电国际电力股份有限公司主营业务收入还不及电力供应行业的第20位企业。

第五章　工业投资与节能技术创新

一般而言，工业节能技术是工业生产过程中能源消耗的技术，这种技术往往固化于资本之中，广义而言属于体现式技术（Embodied Technology），因此，企业和政府的投资行为将直接影响工业节能技术水平的变化，也就是说，投资行为直接关系到工业节能技术创新的效果。本章将从投资与工业节能技术创新的经验研究出发，重点研究我国工业节能技术创新中投资行为的影响。

第一节　我国工业投资的能源技术效率分析

工业节能技术是工业生产过程中能源使用的技术，该技术往往固化于工业资本之中，工业投资中能源技术的选择直接决定了工业节能技术创新的效果。因此，工业投资的节能技术效率[①]分析对于了解工业节能技术创新的现状具有重要意义。

一、模型设定与方法介绍

体现于资本之中的节能技术创新结果表现为资本与能源之间的变

[①] 这里的节能技术效率是指能源技术效率的变化率。

化关系，因此，可以通过上述两种要素数量变化关系来衡量投资中所蕴含的节能技术创新。许多学者对资本和能源数量变化关系进行了经验分析，其研究思路大都是采用超越对数函数直接对能源与资本之间的关系进行研究，结论也存在一定差异。笔者认为，虽然资本与能源数量关系的研究有助于了解投资中蕴含的节能技术创新——当投资中包含了新的节能技术时资本与能源表现为替代关系，反之则表现为互补关系，但上述方法更多关注表面结果，并未真正体现节能技术创新与投资之间的内在关系，不能更加清晰地描述工业投资所包含能源技术的变化。除此之外，资本和能源数量变化关系的经验研究大都采用了宏观加总数据，而宏观数据中既包括节能技术的影响也包括产业结构的影响，高耗能行业资本比重的变化也直接影响资本与能源的数量关系。出于上述考虑，本书尝试采用更为直接的方法分析我国工业投资的节能技术效率。

前文提到，体现于资本之中的节能技术创新的模型包括很多种：Putty–Putty、Putty–Clay、Clay–Clay，相比较而言，Putty–Clay 模型更符合现实，也被更多的学者所采用。节能技术创新的 Putty–Clay 模型的核心观点主要包括两方面：能源技术体现于资本之中，节能技术创新依赖于蕴含新技术的新资本的形成；新资本的形成可以改变资本与能源的比例关系，但资本形成之后，由于能源技术已经固化于资本之中，资本和能源的比例关系将固定，即表现为互补关系。延续 Putty–Clay 模型的思路，本书构建如下衡量投资节能技术效率的模型。

假定每期资本仅包括两项，即原有资本（K_0）与新增资本（ΔK），依据新增资本中包含的能源技术水平可以分为三种情况。

（1）新增资本的能源技术好于原有资本。由于新增资本中蕴含了更好的能源技术，因此当期新增资本对应的资本能源强度（$I_k(t) = E(t)/K(t)$）要低于原有资本，当期总体资本能源强度要优于上期。假定原有资本对应的能源消费为 αK_0，新增资本当期能源消费为 $\mu \Delta K$，那么 $\mu < \alpha$，当期资本能源强度的变化率可以表示为：

$$\dot{I}_k = [(\alpha K_0 + \mu \Delta K)/(K_0 + \Delta K) - \alpha]/\alpha \qquad (5-1)$$

经过变换可得：

$$\dot{I}_k = (\mu/\alpha - 1)/(1 + 1/\dot{K}) \qquad (5-2)$$

由于 $\mu < \alpha$，所以 $\mu/\alpha - 1$ 为负，资本能源强度变化率与资本变化率呈现负向关系。由于节能技术效率与资本能源强度变化率符号相反，因此节能技术效率与资本变化率为正向关系，即新增资本的能源技术好于原有资本时，资本增长速度越快，能源技术提高越快。

（2）新增资本与原有资本具有相同的能源技术。该种情况主要表现在重复建设之中，此时，$\mu = \alpha$。依照上述推导同样可得式（5-2），但由于 $\mu = \alpha$，所以就有：

$$\dot{I}_k = 0 \qquad (5-3)$$

上式表明，节能技术效率为 0，即不存在能源技术的提高。

（3）新增资本的能源技术劣于原有资本。此时，$\mu > \alpha$，同样依据式（5-2）可知，资本能源强度变化率与资本变化率呈现正向关系，而节能技术效率与资本变化率为负向关系，即资本增长速度越快，能源技术下降越快。

综合上面三种情况的分析可知，体现式技术进步情况下，资本能源强度变化率的负值与资本变化率呈正向关系。其基本含义是，代表新技术的资本比重越高，资本能源强度表示的能源技术水平提高越快。因此，通过对资本变化率与资本节能技术效率（用资本能源强度变化率负值表示）的变化关系的分析可以较为清楚地说明工业投资中节能技术创新的具体情况。

在采用加总数据进行经验分析时，资本能源强度变化同时受到行业结构变化的影响，其会干扰即式（5-6）所表现的关系，需要进行扣除，本书采用因素分解法对结构因素进行剔除。因素分解法主要是将能源强度变化分解为结构与能源效率两种因素，其具体方法包括很多种，许多学者对其进行归纳和总结，例如 Huntingto H. G.、Myers J. G.

(1987)，B. W. Ang（1995），Lorna A. Greening 等（1997），B. W. Ang、F. Q. Zhang（2000），Chun-chu Liu（2006），P. Zhou 等（2006）。相比较而言，B. W. Ang、F. Q. Zhang（2000）的研究更为全面和清晰，文章研究了 2000 年前 124 篇关于因素分解法的文章，将因素分解法归为四类：拉氏加法、拉氏乘法、迪氏加法、迪氏乘法。

相比较而言，拉氏方法更为简洁，同时考虑到式（5-2）中均为变化率，因此乘法分解更为有效，下面对此进行简单的介绍。[①] 假定经济中有 m 个行业，在时间 t 的能源消耗及资本定义如下：E_t 为能源总消耗；E_{it} 为行业 i 的能源消费；K_t 为总资本；K_{it} 为行业 i 的资本；S_{it} 为行业 i 的资本份额（K_{it}/K_i）；I_{kt} 为总资本能源强度（E_t/K_t）；I_{kit} 为行业 i 的资本能源强度（E_{it}/K_{it}）。总资本能源强度可以用行业产出份额和行业资本能源强度表示，即可以用经济结构和行业能源效率表示。

$$I_{kt} = \sum_i I_{kit} S_{it} \tag{5-4}$$

假定经济从时间 0 变化到时间 T，资本能源强度的变化可以表示，$D_{tot} = I_{kT}/I_{k0}$，对该式进行因素分解可以得到：

$$D_{tot} = I_{kT}/I_{k0} = D_{str} D_{int} \tag{5-5}$$

$$D_{str} = \sum_i S_{iT} I_{ki0} / \sum_i S_{i0} I_{ki0} \tag{5-6}$$

$$D_{int} = \sum_i S_{i0} I_{kiT} / \sum_i S_{i0} I_{ki0} \tag{5-7}$$

由此可见，在该方法中效率因素是假定结构不变情况下考察资本能源强度的变化，即在加总的资本能源强度变化中剔除了资本结构变化的影响，而只反映技术效率变化的影响。与式（5-2）对应，加总资本能源强度变化率可以表示为 $D_{int} - 1$。

---

① 原文中是针对能源强度进行分解，这里借用该方法对资本能源强度进行分解。

二、行业归类与数据来源

由上述因素分解法可知，能源技术水平变化率依赖于行业分类的选择，相比较而言，行业分类越细致，技术因素的体现越充分。我国行业分类进行多次调整，最为主要的是 1984 年、1994 年与 2003 年。同时，我国能源消费分行业均依照当时行业分类标准进行的，因此，为了统一，本书主要采用 1985~1992 年能源消费分行业统计中的行业分类标准（14 个行业），并将不同时期行业进行了重新划分，具体划分标准如表 5-1 所示。

表 5-1 行业分类标准对照表

本文行业分类	1984 年行业分类	1994 年行业分类	2003 年行业分类
煤炭采选业（H1）	煤炭采选业	煤炭采选业	煤炭开采和洗选业
石油和天然气开采业（H2）	石油和天然气开采业	石油和天然气开采业	石油和天然气开采业
食品、饮料和烟草制造业（H3）	食品制造业；饲料工业；饮料之制造业；烟草加工业	食品加工业；食品制造业；饮料制造业；烟草加工业	农副食品加工业；食品制造业；饮料制造业；烟草制品业
纺织业（H4）	纺织业	纺织业	纺织业
造纸、纸制品制造业（H5）	造纸及纸制品业	造纸及纸制品业	造纸及纸制品业
石油加工、炼焦、煤气及煤制品业（H6）	石油加工业；炼焦、煤气及煤制品业	石油加工及炼焦业；煤气生产和供应业	石油加工、炼焦及核燃料加工业；燃气生产和供应业
化学工业（H7）	化学工业	化学原料及化学制品制造业	化学原料及化学制品制造业
医药工业（H8）	医药工业	医药制造业	医药制造业
化学纤维工业（H9）	化学纤维工业	化学纤维制造业	化学纤维制造业
建筑材料及其他非金属矿物制品业（H10）	建筑材料及其他非金属矿物制品业	非金属矿物制品业	非金属矿物制品业
黑色金属冶炼及压延加工业（H11）	黑色金属冶金及压延加工业	黑色金属冶炼及压延加工业	黑色金属冶炼及压延加工业
有色金属冶炼及压延加工业（H12）	有色金属冶炼及压延加工业	有色金属冶炼及压延加工业	有色金属冶炼及压延加工业

续表

本文行业分类	1984 年行业分类	1994 年行业分类	2003 年行业分类
机械、电气、电子设备制造业[①] (H13)	机械工业；交通运输设备制造业；电气机械及器材制造业；电子及通信设备制造业	普通机械制造业；专用设备制造业；交通运输设备制造业；电气机械及器材制造业；电子及通信设备制造业	通用设备制造业；专用设备制造业；交通运输设备制造业；电气机械及器材制造业；通信设备、计算机及其他电子设备制造业
电力、蒸汽、热水的生产和供应业 (H14)	电力、蒸汽、热力的生产和供应业	电力、蒸汽、热水的生产和供应业	电力、热力的生产和供应业

资料来源：依照历年行业分类标准整理。

依照上述行业分类，本书中的固定资产净值数据[②]来自中国统计出版社的《中国工业交通能源 50 年统计资料汇编》及 1996~2007 年的《中国统计年鉴》。各行业逐年的能源消费数据来自于《中国能源统计年鉴 1986》、《中国能源统计年鉴 1989》、《中国能源统计年鉴 1991》、《中国能源统计年鉴》（1991~1996）及 1996~2007 年的《中国统计年鉴》。由于缺少 1993 年能源数据统计，本书以平滑的方法进行数据处理，具体方法是采用 1992 年与 1994 年各行业能源消费比重的平均值作为 1993 年各行业能源消费的比重，以此为基础，加之 1993 年工业能源消费总量而推算出各行业 1993 年能源消费数量。考虑到价格的影响，本书采用固定资产投资价格指数（1990 年之前采用工业品出厂价格指数）进行调整，价格指数的数据来自《中国统计年鉴》。经整理，以 1985 年为不变价格的固定资产净值数据如表 5-2 所示，资本能源强度的数据如表 5-3 所示。

表 5-2　1985~2006 年不变价格分行业历年固定资产净值数据

单位：亿元

年份	H1	H2	H3	H4	H5	H6	H7	H8	H9	H10	H11	H12	H13	H14	合计
1985	450	298	280	303	72	100	397	38	71	292	380	106	927	633	4347
1986	476	352	328	346	79	97	372	43	89	324	467	117	959	678	4727

[①] 就统计年鉴中的名称而言，并未包括交通运输设备制造业，但从数据变化规律来看，包含交通运输设备制造业更为合适，因此本书加入了该行业。

[②] 均为规模以上和独立核算企业数值。

续表

年份	H1	H2	H3	H4	H5	H6	H7	H8	H9	H10	H11	H12	H13	H14	合计
1987	483	372	379	371	89	115	384	50	111	358	477	123	1012	711	5036
1988	427	414	400	425	93	168	381	54	106	365	475	129	984	706	5126
1989	452	441	409	439	91	181	400	56	98	350	456	131	912	716	5133
1990	507	510	462	495	103	207	458	67	104	372	492	140	959	817	5692
1991	508	561	511	535	108	245	498	83	117	392	529	145	1046	861	6141
1992	489	564	512	517	110	244	489	89	128	385	570	141	1053	938	6229
1993	394	491	523	508	119	239	466	96	146	413	586	169	1044	1088	6280
1994	393	482	623	592	129	300	533	110	162	521	669	162	1242	1348	7266
1995	507	486	846	703	184	380	724	141	204	711	870	240	1670	1690	9358
1996	540	502	953	740	202	444	810	159	219	801	941	289	1946	1777	10322
1997	569	555	1048	761	232	491	971	177	233	848	987	313	2137	2203	11524
1998	527	560	1057	742	255	563	1021	200	258	836	1063	345	2240	2510	12179
1999	636	788	1141	761	286	715	1155	219	302	874	1241	381	2397	2983	13880
2000	627	857	1123	734	340	729	1182	237	285	874	1262	381	2447	3347	14424
2001	653	939	1132	755	372	777	1225	266	237	870	1280	401	2637	3829	15372
2002	730	976	1176	796	399	773	1301	308	240	904	1350	428	2835	4252	16468
2003	800	1035	1221	878	436	776	1359	356	235	955	1480	464	3156	4931	18084
2004	839	1070	1267	920	459	790	1379	400	256	1049	1583	529	3506	5078	19126
2005	947	1216	1415	1064	591	943	1642	471	307	1230	1919	665	4110	6288	22807
2006	1180	1402	1589	1179	657	1066	1986	520	325	1380	2386	779	4772	7385	26607

注：以 1985 年为不变价格。

资料来源：《中国工业交通能源 50 年统计资料汇编》及 1996~2007 年《中国统计年鉴》。

表5-3　分行业历年资本能源消费强度

单位：吨标准煤/万元

年份	H1	H2	H3	H4	H5	H6	H7	H8	H9	H10	H11	H12	H13	H14
1985	6.68	5.14	8.56	7.85	18.07	16.53	20.41	11.82	7.23	27.47	20.10	12.96	4.49	3.97
1986	6.62	4.33	7.83	7.26	17.43	20.21	23.00	11.13	6.43	26.45	18.38	12.81	4.50	4.02
1987	7.10	4.42	7.64	7.16	16.58	18.58	25.10	11.29	6.21	25.82	19.39	12.60	4.32	4.18
1988	8.28	4.42	7.83	6.77	17.03	13.44	26.77	11.06	6.61	27.19	20.92	13.03	4.66	4.77
1989	8.44	4.14	8.02	6.86	18.56	13.70	27.36	11.52	7.44	29.18	21.87	13.68	5.02	5.11
1990	8.20	3.78	7.10	6.12	16.50	12.14	24.00	9.80	7.20	26.13	21.46	13.47	4.72	4.73
1991	9.05	3.68	6.62	5.82	16.01	11.21	23.17	8.89	7.29	26.01	21.09	14.11	4.43	4.92
1992	9.01	3.94	7.00	6.43	17.28	13.14	24.57	8.99	7.27	28.32	20.90	16.31	4.77	5.27
1993	11.56	5.37	7.17	6.62	16.22	14.83	29.80	9.57	6.55	28.14	22.93	14.25	4.81	4.88
1994	12.15	6.54	6.39	5.81	15.37	13.19	30.38	9.61	6.13	24.10	22.94	15.73	4.09	4.29
1995	10.84	5.79	5.20	5.02	11.61	15.54	21.86	8.54	6.25	18.36	21.29	11.84	3.03	4.17

续表

年份	H1	H2	H3	H4	H5	H6	H7	H8	H9	H10	H11	H12	H13	H14
1996	9.93	5.44	4.62	4.51	10.91	9.09	24.85	6.34	4.92	17.15	19.35	10.53	2.66	4.74
1997	10.18	6.42	3.67	4.05	8.38	15.92	16.18	4.72	6.16	14.53	18.40	10.51	2.39	4.57
1998	10.53	5.99	3.73	3.83	7.50	13.10	13.75	4.13	6.19	13.92	16.00	9.81	2.13	3.72
1999	6.80	4.48	3.14	3.29	6.08	10.85	11.15	3.64	5.09	12.54	13.67	9.30	1.84	3.20
2000	6.51	4.38	2.79	3.40	5.37	10.93	10.75	3.20	5.89	11.56	13.31	9.47	1.76	2.90
2001	6.20	4.26	2.88	3.55	5.21	10.68	10.52	3.17	7.21	11.48	13.39	9.71	1.76	2.54
2002	5.81	4.63	2.95	3.75	5.46	11.68	11.15	2.74	8.09	11.75	14.32	10.21	1.83	2.62
2003	6.74	4.46	2.77	3.95	5.44	12.25	12.59	2.88	9.37	13.25	16.26	11.64	1.91	2.69
2004	7.56	3.39	3.11	4.95	6.71	16.09	14.76	2.60	5.08	17.24	18.76	12.11	2.09	2.87
2005	7.30	3.09	3.05	4.68	5.54	13.27	13.70	2.38	4.37	15.33	18.75	10.81	1.91	2.51
2006	5.75	2.59	2.89	4.88	5.24	12.20	12.48	2.23	4.38	14.46	17.94	11.08	1.86	2.36

资料来源：依据表 5-2 及历年《能源统计年鉴》计算。

三、实证研究结果分析

依照上面的方法，首先，对资本能源强度进行分解，计算出剔除结构因素后的资本能源强度变化率，即资本能源的技术效率。表 5-4 列出了技术效率在资本能源强度变化中的比重，具体计算公式如式（5-9）所示。

对式（5-5）两边取对数，则有：

$$\ln(D_{tot}) = \ln(D_{str}) + \ln(D_{int}) \tag{5-8}$$

由此可得技术因素的影响：

$$技术因素的影响 = \ln(D_{int})/\ln(D_{tot}) \tag{5-9}$$

由此可见，20 世纪 80 年代中期以来资本能源强度变化主要是由技术因素决定，许多年份技术因素的影响超过了 100%，表明结构因素起相反的作用，21 年平均来看技术因素的影响比重高达 97.71%，关于资本能源强度变化是技术因素主导的结论与许多学者关于能源强度分解的研究基本一致。[①]

---

① 笔者采用同样的方法对以工业增加值表示的能源强度进行分解，除个别年份之外，结论基本一致。

表 5-4　技术因素在资本能源强度变化中的比重

单位：%

项目 ＼ 年份	1986	1987	1988	1989	1990	1991	1992	1993	1994	1995	1996
技术因素在资产能源强度变化中的比重	56.25	96.02	99.29	102.92	95.28	83.48	107.47	105.25	90.04	109.94	101.39

项目 ＼ 年份	1997	1998	1999	2000	2001	2002	2003	2004	2005	2006	平均
技术因素在资产能源强度变化中的比重	92.58	96.24	103.56	78.13	41.10	136.18	130.15	100.70	102.30	123.70	97.71

资料来源：笔者依据相关数据计算。

其次，分别计算固定资产净值变化率与剔除结构因素后的资本能源强度变化率，结果如表 5-5 所示。为了更直观地显示两者之间的关系，图 5-1 描绘了固定资产净值变化率与节能技术效率（剔除结构因素后的资本能源强度变化率的负值，即 $1-D_{int}$）。由图 5-1 可见，1986~2006 年 21 年之间，资产净值变化率与节能技术效率的关系呈现明显的阶段性：1986~2000 年两者具有很强的正向相关关系；2001~2004 年两者则呈现负向相关关系；2005 年开始两者又恢复正向关系。这里需要对资产净值变化率与节能技术效率正相关时节能技术效率出现的负值进行解释，依照前面的模型，正相关表明新资本的能源技术要优于旧资本，资本能源技术效率始终在提高，节能技术效率应始终为正值。之所以出现负值，主要是因为上述模型中忽略了资本老化的问题，原有资本随着时间推移而老化，其所体现的能源技术存在下降趋势，因此，原有资本能源技术效率存在一个自然的下降趋势。假定由于设备老化，资本能源强度存在一个固有的上升 γ，那么式（5-2）将变为：

$$\dot{I}_k = (\mu/\alpha - 1)/(1 + 1/\dot{K}) + \gamma \tag{5-10}$$

只有当新资本带来的能源技术效率提高的影响超过资本老化的影响时，节能技术效率才呈现正值。由式（5-8）可知，资本老化因素的引入并没有改变前面模型的结论。

依据上述分析和实证数据的结论可知，对于能源技术而言，我国工业投资具有明显的阶段性。1986~2000 年，对于节能技术而言，我国工业投资是具有效率的，即新增资本中所蕴含的能源技术水平始终在提高；2001 年以来，特别是 2001~2004 年，工业投资在能源技术方面出现了低水平重复，甚至出现了新增资本能源技术水平落后的现象，这种现象的出现值得高度关注。

表5-5   最终计算结果

单位：%

项目＼年份	1986	1987	1988	1989	1990	1991	1992	1993	1994	1995	1996
资产变化率	8.80	6.53	1.79	0.13	10.89	7.87	1.45	0.82	15.70	28.78	10.31
$1-D_{int}$	0.66	−1.82	−5.05	−4.35	8.06	1.56	−5.94	−8.18	4.20	15.70	5.62

项目＼年份	1997	1998	1999	2000	2001	2002	2003	2004	2005	2006	
资产变化率	11.64	5.68	13.96	3.93	6.57	7.13	9.81	5.76	19.25	16.66	
$1-D_{int}$	9.63	10.45	16.30	4.05	1.54	−4.94	−8.71	−13.92	7.89	6.13	

资料来源：笔者依据相关数据计算。

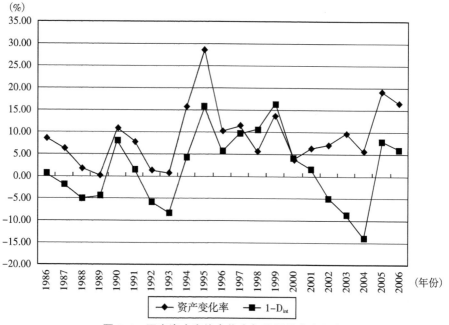

图5-1   固定资产净值变化率与能源技术变化率

除了上述结论之外，资本变化率与节能技术效率高度相关的现实也部分验证了节能技术创新体现于资本之中的假定，进一步说明能源技术固化于资本之中的特性。

第二节　我国工业投资周期及节能技术创新的迫切性

工业节能技术固化于资本之中特性的重要含义之一是，资本形成后能源技术则固定，提高能源技术水平必须进行新的投资，资本数量越大，节能技术创新的成本越高。这一含义对于处于工业化阶段的发展中国家节能技术创新时机的选择具有重要意义：如果一个国家在资本大量形成之中采用更为先进的节能技术，那么该国未来将面临较小的能源压力；反之，在资本大量形成中忽视了节能技术创新，错过最佳时期，那么未来节能技术改造的成本将大大增加。因此，了解工业资本形成所处的阶段对于节能技术创新具有重要的现实意义。

一、我国工业投资周期分析

新中国成立以来，我国经济增长波动大致经历了 10 个周期（刘树成、张晓晶、张平，2005）：1953~1957 年、1958~1962 年、1963~1968 年、1969~1972 年、1973~1976 年、1977~1981 年、1982~1986 年、1987~1990 年、1991~2001 年、2002 年开始的周期。投资是推动经济增长的重要因素，从经验分析中可以看出，投资周期变化与经济周期具有密切的关系，陈乐一和傅绍文（2002）采用 1953~1999 年国有经济固定资产投资数据对我国投资周期进行了研究，其分析结果显示，投资周期与经济增长周期基本一致，特别是国有经济占绝对主导地位的 20 世纪 90 年代之前，投资周期变化与经济周期变化完全吻合。

工业投资是国民经济整体投资的重要组成部分，也是国民经济增长的重要推动力量。目前我国关于工业固定资产的统计口径存在一定变化，2004 年之前，工业基础设施建设投资与更新改造投资数据均有统计，加之工业节能技术创新主要蕴含于这两类固定资产投资之中，因此，本书采用基础设施建设投资与更新改造投资表示我国工业固定资产投资。2004 年之后，固定资产投资的统计口径出现了变化，上述两类数据没有公布，本书采用估算的方法，假定近几年工业固定资产投资结构变化不大，具体方法是采用 2003 年基础设施建设与新增投资占工业全社会固定资产投资的比重作为权重，结合 2004~2006 年工业全社会固定资产投资测算出这些年份的工业固定资产投资，本质上是用工业全社会固定资产变化率来替代。此外，对于价格指数，由于我国固定资产投资价格指数最早统计于 1990 年，本书采用较为接近的工业品出厂价格指数来表示 1980~1990 年的工业固定资产投资的价格指数。数据主要来自于《中国固定资产投资统计年鉴 1950~1995》以及 1996 年之后历年的《中国统计年鉴》。1981~2006 年工业固定资产投资变化率、经济增长变化率、工业经济增长率的数据如表 5-6 和图 5-2 所示。

表 5-6 工业投资、工业增长与经济增长

单位：%

项目 \ 年份	1981	1982	1983	1984	1985	1986	1987	1988	1989	1990
工业固定资产投资增长率	-3.56	20.43	13.63	14.18	29.40	22.10	16.21	8.92	-23.22	6.32
经济增长率	5.24	9.06	10.85	15.18	13.47	8.85	11.58	11.28	4.06	3.84
工业增长率	1.74	5.77	9.72	14.85	18.21	9.64	13.24	15.25	5.06	3.35
项目 \ 年份	1991	1992	1993	1994	1995	1996	1997	1998	1999	2000
工业固定资产投资增长率	10.18	13.89	10.42	19.87	9.46	7.01	5.72	1.96	-3.51	12.01
经济增长率	9.18	14.24	13.96	13.08	10.92	10.01	9.30	7.83	7.62	8.43
工业增长率	14.39	21.17	20.09	18.91	14.04	12.51	11.32	8.90	8.52	9.79

续表

年份 项目	2001	2002	2003	2004	2005	2006			
工业固定资产 投资增长率	9.36	23.85	38.52	28.77	33.65	23.69			
经济增长率	8.30	9.08	10.03	10.09	10.43	11.09			
工业增长率	8.67	9.97	12.75	11.51	11.58	12.88			

资料来源：笔者依据统计数据计算。

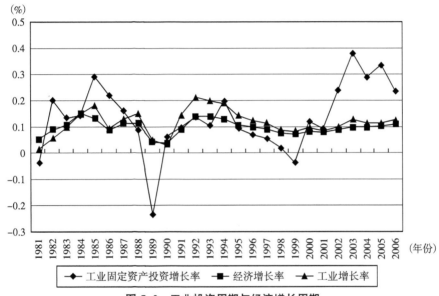

图 5-2　工业投资周期与经济增长周期

　　所谓"周期"可以理解为从一个波峰到另一个波峰，也可以理解为一个波谷到另一个波谷（陈乐一、傅绍文，2002）。由图 5-2 可以看出，改革开放以来，我国工业投资、工业增长与经济增长大致经历了3 个周期，而且三者的周期变化基本吻合。三者的周期大致可以描述为：1981~1990 年、1991~1999 年、2000~2006 年，其中第三个周期变化还没有完成。从投资的效果来看，第一个周期与第二个周期，其对经济增长的带动作用最为突出，尤其是 20 世纪 90 年代，尽管投资的波峰低于 80 年代，但经济增长的波峰则与 80 年代基本持平，而工业增长的波峰还要略高。相比之下，2000 年以来的经济周期，工业投资对经济增长的促进作用明显减弱，两者之间的波峰差距明显，说明该周期，工业投资的经济效率明显偏低，同时结合图 5-1 所示 2001~2004 年能源技术水平的大幅下降，这也是我国 2001 年以来能源强度上升的主要原因。

二、我国节能技术创新的迫切性分析

关于导致经济周期的原因，不同理论框架存在一定的分歧，凯恩斯主义和新凯恩斯主义理论更加强调需求的作用，而真实周期理论则更加强调技术创新的冲击作用。国内学者结合中国国情对经济周期变化的推动理论进行了研究，李扬、殷剑峰（2005）提出了一个基于劳动力转移的真实周期模型，其基本思想是：在额外做出一定的投资后，劳动力可以从当前的状态向一种新状态转移，这种转移将显著地提高劳动生产率乃至工资水平，均衡时，人均产出增长率、投资增长率和劳动转移速率完全相同。[①] 同时该模型将经济增长、投资的周期波动归结于新状态下劳动生产率的技术冲击，即技术冲击是经济周期的主要根源。刘树成、张晓晶、张平（2005）同样认为正向的技术冲击是本轮经济周期的主要推动理论，并进一步将技术冲击解释为由于消费升级导致的产业升级。具体而言，本轮工业投资周期主要是由表现为房地产、汽车消费增加的消费结构升级带来的产业结构升级所推动。概括起来，本轮工业投资周期具有如下特点：

第一，投资规模显著增加。与以往投资周期相比，本轮周期的投资增长率明显提高，如图 5-2 所示，2003 年我国固定资产投资增长率高达 38.52%，明显高于前两个周期的波峰（1985 年的 29.40% 和 1994 年的 19.87%）。就绝对规模而言，本轮周期也明显高于以往，以不变价格计算，本轮周期起始年 2000 年工业固定资产投资规模分别是前两个周期起始年 1981 年和 1991 年的 5.78 倍和 2.06 倍。由此可见，工业

---

① 殷剑峰：《中国经济周期研究：1954~2004》，《管理世界》，2006 年第 3 期。

投资的本轮周期不仅上升速度的波峰高，而且投资规模大，因此本轮周期是我国工业资本形成的关键时期。

第二，高耗能行业是本轮投资的重点。在以房地产、汽车为主导的消费升级背景下，最先受到冲击的是关联最紧密的产业——钢材与建筑材料行业，这些行业成为了本轮经济周期的发动者。依照前文行业分类，如图 5-3 所示，2000~2003 年，我国工业行业固定资产投资的变化率中，非金属矿物制品业、黑色金属冶炼及压延行业、有色金属冶炼及压延行业上升最快，升幅明显高于其他行业。随之，冲击逐渐向上游行业延伸，2004~2006 年工业行业城镇固定资产投资变化率中，煤炭采选业、石油和天然气开采业、电力与热力的生产和供应业投资变化率明显快于 2000~2003 年的速度。同时，尽管整体投资水平出现波动，但机械、电子、电气设备制造业固定资产投资也保持了较

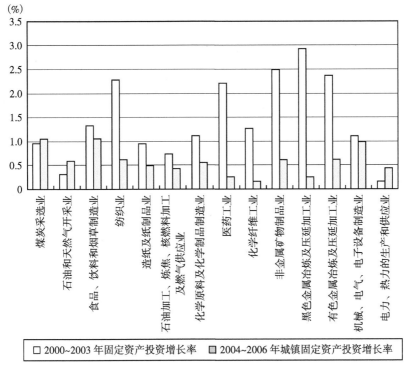

图 5-3　工业行业固定资产投资变化率
注：行业分类参见表 5-1；2000~2003 年固定资产投资只包括基础设施建设投资与更新改造投资。

为稳定的速度。由此可见，高耗能行业是本轮工业投资周期的主导。

第三，投资周期持续时间长。本轮经济周期的影响主要来自房地产、汽车消费的增加，从消费预测分析来看，这种冲击将持续较长时间。关于住房的需求，王国刚（2005）预测，如果以户均100平方米计算，到2025年，我国现有城镇家庭住宅需求应该为65亿平方米，年均需求3.25亿平方米，而考虑新增家庭，城镇住宅需求年均约为8.5亿平方米，再加之城镇拆迁、危房改造，我国年均住宅需求则将达到10亿平方米。①与之类似，汽车工程学会的葛松林（2006）预测显示，2020年我国的汽车保有量将达到1.31亿辆，为2005年的3.9倍，而家用轿车上升最快，2020年为2005年的10.5倍，2020年家用轿车保有量占全部汽车保有量的62.83%，较2005年的23.36%上升39.47个百分点。就本轮投资周期的表现而言，目前虽然已处于波峰阶段，但消费升级的压力并未得到完全释放，产业升级带来的投资增加仍将持续较长的时期。2007年1~10月，我国第二产业城镇固定资产投资同比上升了29.6%，而2007年1~11月，我国工业增加值累计同比上升了18.5%。相比2006年工业投资增长率23.69%和工业增加值增长率12.88%而言，2007年该两项指标又有明显提高。此外，政府干预导致投资增长减缓也将是本轮投资周期持续时间较长的重要原因之一。

由上述分析可知，目前我国正处于由消费结构升级带来的重工业化新一轮发展阶段，现阶段是我国工业资本，特别是高耗能行业资本形成的关键时期。如果不及时采取特殊措施鼓励工业节能技术创新，那么未来节能技术创新的成本将大大增加。除了节能技术固化于资本之中的特性造成的高成本之外，现阶段忽视节能技术创新还将使我国面临被高耗能技术锁定（Lock-in）的危险。技术锁定（Technological Lock-in）的基本含义是某项技术一旦被选用，并成为主导技术（Dominant Design）之后，将形成正反馈体系，很难再被其他技术所代

---

① 刘树成、张晓晶、张平：《实现经济周期波动在适度高位平滑》，《经济研究》，2005年第11期。

替。技术锁定延续了路径依赖的思路，回报递增是其重要理论依据，回报递增主要源于四个方面的原因：规模经济、学习效应、采用预期和网络经济（Arthur，1994；Unruh，2000；Perkins，2003）。此外，工程技术人员知识和工人技能的定向积累，围绕主导技术的非政府组织（协会、工会等）的建立以及政府法规和管理体系的形成都强化了技术锁定（Unruh，2000）。依据技术锁定的思路，如果我国在高耗能行业大规模形成时忽视节能技术的应用，那么我国工业体系、相关的政府和非政府服务体系甚至人力资本的积累都将被长期锁定在高耗能技术之上，未来节能技术创新的难度将大大增加。就国际经验来看，所有发达国家均经历了高耗能的重工业发展阶段，大多数发达国家至少经历了 20 年，达到能源强度的峰值，之后随着产业结构的进一步升级，能源强度逐渐下降，这一过程往往持续几十年，但由于重工业化阶段对能源技术的重视程度不够，能源强度在经历一段下降之后将被锁定而难以下降，究其原因，主要是由于能源效率的提高受到大量存量资本几十年周期的限制。[①]

由于处于起步阶段，加之本轮周期持续时间长，我国尚存在脱离被锁定的机会，节能技术创新刻不容缓。具体到工业投资本身，避免重蹈发达国家的旧路，不仅需要改变消费方式，更为重要的是加强宏观调控，更加重视发展质量，避免经济过热，延缓重工业化的速度，同时加快市场经济步伐，改善工业投资机制，提高工业能源技术水平。

三、淘汰落后产能：工业节能技术创新的保障

能源技术固化于工业资本之中的特性，决定了节能技术创新与工业投资密切相关。然而，包含先进能源技术的工业投资只能提高能源效率，并不能降低能源消耗，因此在加大工业节能技术创新的同时，

---

① 世界银行东亚和太平洋地区基础设施局、国务院发展研究中心产业经济研究部：《机不可失：中国能源可持续发展》，中国发展出版社 2007 年版。

必须加快落后产能的淘汰。同时，落后产能的存在在很大程度上限制了工业能源技术水平的提高，主要是因为大量落后产能的存在将影响工业投资的数量和质量。一方面，落后产能满足了部分消费增加的需要，降低了工业投资的需求，能源技术水平高的资本无法充分及时地实现；另一方面，落后产能降低了能源技术的门槛，即企业不用选择体现最高能源技术水平的项目进行投资，就能取得竞争优势。由于采用先进技术的成本往往较高，因此落后产能的存在将减低缺乏采用先进能源技术的动力，甚至在需求高速增长的时候，低水平重复成为理性的选择。此外，现阶段也是淘汰落后产能的较好时机，就业问题是落后产能淘汰的主要制约因素，工业投资的增加为解决就业问题提供了条件。

目前，我国高耗能行业落后产能大量存在。截至 2004 年底，我国共有钢铁生产企业 870 多家，其中重点大中型钢铁企业 74 家，小型钢铁企业近 800 家（单尚华、王小明，2006）；截至 2004 年中期，我国水泥行业共有企业 4813 家，企业数量已经超过世界其他国家企业总数之和，其中 75% 的还是采用落后工艺进行生产（吴林源、曹博，2004）。由此可见，未来几年我国淘汰落后产能任务十分艰巨。按照相关部署，2007~2010 年，火力发电需要淘汰小型火电近 6000 万千瓦，相当于每年至少关停 300 台机组；钢铁行业需要关停落后产能 1.3 亿吨左右；水泥行业需要淘汰落后产能 2.5 亿吨；铁合金行业需要淘汰和压缩落后产能 660 万吨，占目前总产能的 30% 左右；焦化行业需要淘汰小机焦 6700 万吨，相当于当前机焦总产能的 22%，需要至少关停机焦生产企业 300 余家（宏观经济研究院能源所课题组，2007）。

第三节 能源技术低水平重复建设的表现与成因

本轮周期伊始，在外部激励依然较强的情况下，工业资本的能源技术水平出现了明显下降，究其原因，工业投资机制是其中重要的原因。本章第一节从工业整体角度对能源技术下降进行了概括性的描述，本节将给予更加具体的说明，同时对这一现象背后隐含的投资机制问题进行探讨。

一、近年来我国能源技术低水平重复建设的表现

工业能源技术水平的提高主要依赖于投资中技术的选择，如果投资主体选择体现更为先进技术的项目进行投资，能源技术水平将得到提高，反之投资主体在投资过程中重复或选择技术水平低的项目进行投资，那么能源技术水平将停滞或下降，即出现所谓的"低水平重复建设"。低水平重复建设是新建项目的规模和生产技术水平低于现有企业的生产规模和技术水平，这些新建项目从局部看，可能具有一定的合理性和必要性，如扩大就业，增加地方财政收入，但从全局来看，将造成诸多负面影响，例如污染环境、浪费资源，降低生产要素的综合配置效率等（吕政，2004）。从本轮经济周期来看，低水平重复投资的情况较为明显，特别是对于能源技术而言，低水平重复现象更为突出。

在消费升级的推动下，我国原材料行业上升迅速，2006 年生铁、粗钢、钢材的产量分别较 2000 年上涨了 2.15 倍、2.26 倍和 2.57 倍，同期水泥产量也增加了 1 倍多。这种趋势仍没有减退的迹象，生铁、粗钢、钢材、水泥产量 2007 年 11 月较 2006 年累计上升 15.7%、16.7%、22.5%、13.8%，氧化铝上升幅度更是高达 48.7%。在这些行业

高增长的同时，低水平建设现象较为突出。2006 年，水泥行业技术水平落后窑型的产量比 2005 年增加了 3000 万吨（宏观经济研究院能源所课题组，2007）；钢铁行业的情况同样不容乐观，从市场结构来看，尽管 20 世纪末期，上海宝钢的并购提高了产业集中度，但 2001 年开始产业集中度又急剧下降，2004 年 CR4 仅为 18.52%，较 1992 年下降了约 12 个百分点，CR10 仅为 34.77%，比 1992 年下降了 15 个百分点（徐康宁、韩剑，2006），可见规模下的企业增长显著；电力行业同样如此，"十五"规划的前四年，新增容量中相对较小的 1 亿~3 亿瓦发电机组比重约为 32%，平均能源消耗约为 350 克标准煤/千瓦时，1 亿瓦以下机组比重约为 30%，其平均能耗约为 390 克标准煤/千瓦时。[①]

由于本轮投资周期是以高耗能行业为主体，因此高耗能行业能源技术低水平建设最为突出。图 5-4 显示了工业各行业 2003 年相对 2000 年资本能源强度变化率，由图可知，导致能源技术下降的主要原因在于，部分行业，特别是化学纤维行业、黑色金属冶炼及压延行业、非金属矿物制品业、化学原料及化学制品行业、纺织业、有色金属冶炼及压延行业、石油加工及炼焦行业能源效率大幅度下降。同时考虑到化学纤维行业资本 2003 年相对 2000 年出现下降的情况，其中黑色金属冶炼及压延行业、非金属矿物制品业对于工业能源技术下降的作用最为突出，同时也说明，对于能源技术而言，这些行业低水平建设较为明显。

事实上，我国低水平重复建设并非首次出现，20 世纪 80 年代末期就已经显现，但图 5-1 中可以看出，20 世纪八九十年代，能源技术提高率与资本变化十分吻合，与理论预期非常接近，并未出现明显分离，表明就能源技术而言，低水平重复现象并不明显。究其原因，笔者认为，改革开放之前粗放的发展模式造成的工业整体能源技术水平

---

① 世界银行东亚和太平洋地区基础设施局、国务院发展研究中心产业经济研究部：《机不可失：中国能源可持续发展》，中国发展出版社 2007 年版。

明显偏低是其中重要原因，由表 5-3 可以看出，除个别行业之外，1989 年我国工业行业能源强度明显高于 1999 年，工业整体能源强度高出 88.61%，其中能源强度高出 1 倍以上的行业包括食品、饮料和烟草制造业，纺织业，化学原料及化学制品制造业，非金属矿物制造业，机械、电气、电子设备制造业，高出 2 倍以上的行业有造纸和纸制品制造业以及医药工业。因此，过于落后的能源技术使得，尽管从产出角度而言出现了所谓的低水平重复建设，但就能源技术而言，新增投资仍能体现出技术水平的提高。

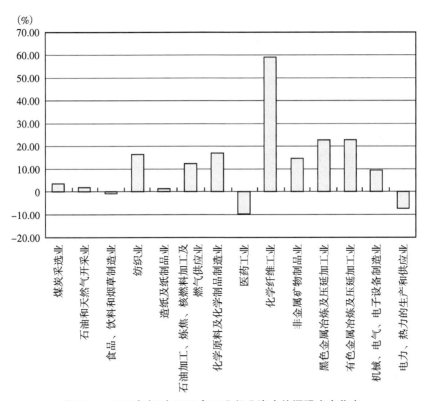

图 5-4　2003 年相对 2000 年工业行业资本能源强度变化率

二、我国能源技术低水平重复建设的成因

关于我国低水平重复建设的成因，许多学者进行分析，其中马传

景（2003）将其归结为国有投资决策主体权利和责任不对称，缺乏投资约束机制；国有投资项目建成后缺乏资源退出机制，导致生产过剩固化；以及存在经济垄断。曹建海（2002）提出了5个方面的原因：产业放松管制和行政垄断并存、财税体制与地方政府竞争、国有企业治理机制缺陷与过渡投资、结构性冲击与产业过剩生产能力、企业退出障碍的制度原因。吴林源、曹博（2004）则认为造成低水平重复建设的主要原因在于，"唯GDP论"的政绩考核体制是主导低水平重复建设的深层次原因；国有投资决策主体权利和责任不对称，缺乏投资约束机制和淘汰机制；产业预警机制与产业协调机制的缺乏与滞后也是造成企业盲目投资的重要原因。

上述研究均从不同角度提出了对低水平重复建设原因的解释，相比较而言，笔者认为我国市场经济的"地方政府主导型"的特点是更为深层次原因。地方政府主导型市场经济是我国经济体制改革过程中的必要阶段，何晓星（2003）对此进行了解释，其认为这种体制产生的原因主要包括3个方面：国情原因、时代原因和文化原因。所谓国情原因主要在于我国疆域辽阔和地区发展不平衡，中央政府为了降低资源配置成本同时避免企业产权不清晰的风险，加之适应不同地区的需要，地方政府主导是必然选择；时代原因指市场经济发展需要改变过去高度集中的体制，但同时又需要加强对公有资产监督；文化原因指中华民族和东方文化形成独特的价值观。地方政府主导型的市场经济之所以是我国低水平重复建设的根源，原因主要包括两个方面：一是零和晋升博弈导致地方政府之间竞争多于合作（周黎安，2004）。所谓零和晋升博弈是指政府官员的职务晋升往往是一个人的收益直接导致另一个人或另一些人的损失，这种晋升机制必然造成政府官员并不真正关心经济发展的实质效果，而更加关注相对地位，因此竞相攀比、暗中较劲甚至恶意竞争的现象普遍出现。二是政府官员具有很强的扩张冲动（何晓星，2005）。在中央放权和地方公共约束机制不完善的情况下，加之晋升机会有限，地方政府官员往往具有横向扩张的冲动，通过横向扩张实现资源控制范围的扩大，走所谓的"自我晋升"的道路，同时由于地方政府市场经济具有典型的"内公外私"的特点，即对外符合市场经济的逻辑，对内具有较强的控制力，因此，其横向扩张的能力很强。

具体到能源技术的低水平重复建设，地方政府主导型市场经济的作用依然十分突出。依照"内公外私"的思路，可以从"对外"和"对内"两个角度进行分析。在"对外"方面，地方政府主导型市场经济与市场经济具有一致性，在完善基础设施建设、推动我国经济发展中起到积极作用，同时也直接影响我国能源技术水平的提高，近年来这种趋势有一定的体现。然而，"内公"在很大程度上限制了企业投资的自主性，地方政府横向扩张的冲动刺激了低水平重复建设的不断出现，这种现象在不同类型的企业有不同的表现：

对于国有企业、集体企业来说，尽管现代企业制度建立增强了该类企业自主经营的权力，但由于自身具有的公有特性，地方政府具有较强的干预性。从整体而言，提高国有企业技术水平有利于地方经济发展。然而，由于地方政府官员晋升及控制能力的需要，经济规模因素也是其关注的重点，加之社会成本问题，管理水平低、技术落后企业较难退出，地方政府更愿意采取的措施是增加投资，或者通过效益好的企业进行整合重组，但这种措施往往适得其反，一方面降低了投资效率，另一方面拖垮了效益好的企业，进一步降低区域内部整体的经济效益。

对于非公有企业来说，虽然相对公有企业具有较强的独立决策权，但由于我国市场机制的不完善，地方政府和非公有制企业之间存在着较多的共同利益，非公有制企业对地方政府的依赖远胜于其他国家（何晓星，2003）。这种依赖必然造成地方政府对企业的干预性事实上较强，地方政府横向扩张的冲动对非公有制企业造成很大影响。此外，公有制企业虽然技术水平先进，但往往内部管理效率较低，加之较重的负担增加了企业成本。在这种情况下，公有制企业的技术优势往往得不到体现，非公有制企业仅通过灵活的机制和较低的成本就能够取得竞争优势，而无须特别关注技术水平，因此非公有制企业采用新技术的激励明显不足。同时，出于自身利益考虑，地方政府不仅以较低价格向部分非公有制企业或个人出让资源，而且也对部分企业造成的社会外部成本采取"默许"的态度，不仅进一步降低了非公有制企业的成本，助长了企业重视"关系培养"忽略"技术创新"的思想。

至于落后产能的淘汰，地方政府主导的影响也较为突出。追求控制规模和财政收入增加的倾向，使得部分地方政府对于落后产能采取默许或保护的态度，并未完全依照能源消耗和环境保护指标对落后产能进行考核，很大程度上造成了落后产能淘汰困难。

就整体而言，20 世纪 80 年代末至 90 年代，我国整体能源技术水平普遍较低，同时由于高于我国原有水平的国外技术的大量引进，能源技术的低水平重复建设问题并不明显。进入 21 世纪，我国能源技术水平已经显著提高，能源技术水平提高的成本大大增加，加之外商占有市场和利用国内廉价资源的目的更加突出，低水平重复建设在能源技术领域的影响逐渐显现，成为制约我国工业节能技术创新的重要因素。在我国节能技术创新的关键时期，改变地方政府主导的投资机制，确立企业的投资主体地位是加速节能技术创新的重要内容。

第六章　政府行为与工业节能技术创新

　　能源问题的复杂性决定了节能技术创新的复杂性，这种复杂性很大程度上来源于两个外部性：负外部性和正外部性。所谓的负外部性在于能源使用所产生的环境问题以及资源的过度消费；所谓正外部性则体现在技术创新的外溢性。这两方面的外部性均很难通过市场实现，国际能源机构对其成员国政府的节能政策进行系统分析和评估得出的结论：市场价格不能反映长远利益或长期前景；投资者对节能项目的评估标准比能源开发项目严得多，这使节能与开发处于不平等地位；外部成本，特别是能源生产利用的环境成本，以及保障能源安全的代价，没有计入能源价格；政府的某些政策法规，如不合理的财税政策和管制政策，妨碍节能潜力的发挥；消费者缺乏必要的信息和技巧，对节能产品和服务缺乏信心。[①] 面对市场失灵，政府的行为显得尤为重要，"使个人、私人厂商和民间团体在面对协调任务时变得较容易而建立起他们的信心（秩序政策）"[②] 是政府的重要职能。

---

① 中国能源发展战略与政策研究课题组：《中国能源发展战略与政策研究》，经济科学出版社 2004 年版。

② 柯武刚、史漫飞等：《制度经济学：社会秩序与公共政策》，韩朝华译，商务印书馆 2004 年版。

第一节　能源环境税与工业节能技术创新

前文已经论述了能源价格对节能技术创新的引致作用，并通过我国与世界主要国家能源价格的比较分析显示，单从能源价格水平提升看，我国能源价格机制改革取得了明显效果，而与此同时，我国能源价格单边上升的空间较小，未来能源价格机制改革的方向应该是继续加快市场化进程。除此之外，主要由外因推动的工业节能技术创新还依赖于能源的相关税收，从效果看，相关税收制度的完善同样对工业企业节能技术创新具有激励作用。

一、能源环境税在工业节能技术创新中的作用

通常而言，能源税和环境税的依据主要来源于能源使用外部性造成的市场失灵。关于外部性概念的界定存在较多版本，Baumol 和 Oates（1988）在《环境政策理论》一书中提到，外部性主要包括两个条件：只要某个人的效应或生产关系中包括真实（非货币）变量，而这个变量被其他个体（人、公司、政府）在不需要特别注意对该人福利影响的情况下选择，外部性就会出现；行为影响到其他个体福利水平或进入他们生产函数的决策者，不需要收到（支付）与其行为导致其他个体收益（成本）等价的补偿。独立于市场机制是外部性最为重要的特点之一，是经济活动中一种附带性影响，因此，通过市场本身的调节机制很难解决。最早提出通过税收来解决环境外部性的学者是庇古（1920），其基本思想是通过税收实现外部性产生者的私人成本与社会成本的一致或缩小其间差距，这也就是著名的"庇古税"，这成为后来能源税和环境税的重要依据。除了外部性问题之外，常规能源资源的非再生性和可耗竭性也是能源税的重要依据，Hotelling（1931）提

出了关于可耗竭资源的市场价格问题，认为能源资源的市场价格应包括两部分——开采成本和资源租金，从而奠定了资源经济学的基础。如前面的界定，本书中的工业节能技术创新主要是指工业生产过程中的能源技术，因此，外部性问题应为本书讨论的重点。

从工业生产的特性而言，能源的使用往往伴随着对环境的污染，即存在明显的负外部性，而通过税收形式进行补偿，本质上增加了能源使用的成本，其作用与能源价格的作用非常接近。正是基于此，能源与环境税对节能技术创新同样具有一定的引致作用，而与能源价格不同，这种引致作用并非通过市场机制产生的，而是通过政府政策机制产生的，因此，可以称之为政策引致性技术创新（Policy-induced Technological Progress）。

Lutz、Meyer、Nathani 和 Schleich（2005）发展了一个投入产出模型，采用德国钢铁工业的数据研究了能源与环境税，以及相关的环境政策对技术变化的影响。该文章认为传统的创新和技术仅仅在 Top-down 模型中被肤浅的描述，并假定要素之间具有完美的替代关系，不足以准确地反映许多产业的生产状况，同时 Bottom-up 模型又往往忽略了经济之间的相互影响，均存在明显不足。因此，笔者提出了一个介于两者之间的更为完全的模型——PANTA RHEI，该模型本质上是一种"全物质流"（All Things Flow），即德国产业经济激励与预测模型（INFORGE）的环境扩展版本。INFORGE 逐年描述了 59 个部门之间相互产业流动，PANTA RHEI 更进一步将能源与环境模块进行分解，区分了 30 种能源信号以及它们对 121 个生产部门和家庭的投入以及二氧化碳的排放。该模型的全部参数均采用最小二乘法进行估计，同时为了考虑技术创新，文章区分了两种技术：氧化炉（BOF）和电弧炉（EAF），并对不同情境下这两种技术采用情况进行了分析，其结论显示二氧化碳税将引致企业采用更为先进的碳密度更小的电弧炉技术。

斯坦福能源模型论坛第 19 次会议（EMF19）的主题为"技术与气候变化政策"（Weyant，2004），该次会议的主要目的是如何使全球气候变化政策分析模型反映现有和未来潜在的能源技术和技术进步。为了实现这个目的，该次论坛设定了 3 种分析情景：假定不存在新的环境政策的参照情景；假定大气二氧化碳浓度被限定在 550ppm[①] 的稳定情景；按照不同速率分阶段实现 100 美元/吨的环境税的情景。此外，这些情景进行细分可以分为 10 种具体类型。论坛针对现今比较流行的 13 类模型，分别组织了 13 个研究小组对全球和主要地区的情况进行分析。分析结论显示，尽管不同模型的分析结论存在一定差异，但在稳定二氧化碳浓度所需要大力发展和使用新的能源技术方面，各种模型的结论是一致的，而与此同时，"技术以及隔离（Sequestration）和其他新技术使用的选择依赖于限制碳排放需要多大的碳税，而这又反过来依赖于参考水平的碳排放以及模型中关于资源、技术以及需求响应的假定"。

近年来，我国学者也开始尝试采用较为系统的方法研究能源环境税对经济和社会的影响。黄英娜等（2005）采用可计算的一般均衡模型（CGE）模拟了能源税对我国工业行业的影响。CGE 模型来源于瓦尔拉斯的一般均衡理论，重点考察了经济系统内各种因素的相互影响。文章将我国工业行业归类为 9 个行业，并用供给、需求、均衡和辅助 4 个模块描述它们之间的关系，结论显示："按差别税率对工业部门所投入的煤炭和油气产品征收从价能源环境税对节能降耗、优化能源结构和减少 SO_2 和 CO_2 排放具有积极作用。但是，单独实行能源环境税收政策并不能够从根本上促进生产部门提高能源利用效率，并且对宏观经济造成一定的负面影响"。

尽管大部分研究者对能源与环境税对节能技术创新的引致作用持肯定态度，但也有学者对此仍持怀疑态度。Van Soest（2005）探讨了环境政策，重点是能源环境税和能源配额对节能技术采用时间的影响。其假定能源技术产生是外生的，在未来依照一定的分布不断随机出现，

① 浓度单位，百万分之一。

企业管理者通过比较采用新能源技术成本收益分析进行决策。据此，文章建立了相关企业能源技术采用模型，并分别对能源环境税和能源配额进行了模拟分析。结果显示，更加严格的环境政策并不一定导致能源技术的更早采用，反而有可能使得节能技术采用的滞后期加长；不同环境政策对节能技术采用滞后期的影响优劣并不明显。从模型分析看，产生上述结论的关键在于假定节能技术不断随机产生，企业存在等待更先进技术的心理。综合看，Van Soest 的研究并未否定能源环境税的引致作用，只是探讨了对企业采用节能技术的滞后期的问题，同时，相对于将技术作为外生变量的研究而言，进一步内生化是未来研究的重要方面（Löschel，2002）。

二、国外能源环境税制度的建立与发展

国外在 20 世纪初就开始了能源环境税的实践，1931 年，挪威政府开始尝试对汽油征税，正式拉开了能源环境税制度的实践序幕。经过多年发展，西方国家能源环境税体系取得了一定的进步，据统计，21 世纪初 OECD 成员国与环境相关的税收已占总税收收入的 3.8%~11.2%，占 GDP 的 1%~4.5%（王健，2004）。近年来，欧盟内部各国也在加强能源环境税的合作，出台了欧盟能源指令，以期实现更有利的环境政策（崔晓静，2006）。

在建立能源环境税制度的同时，西方学者更加关注税收对市场机制的扭曲作用以及负面影响。在一篇综述中，Baranzini、Goldemberg、Speck（2000）重点介绍了两个方面可能出现的负面影响：成本是厂商竞争优势的重要内容之一，而能源环境税可能改变厂商的成本结构，进而影响到其竞争优势；能源环境税对分配的影响，即税收增加对穷人的影响要大于富人。针对上述问题，基于"双重红利"（Double Dividend）的绿色税收体系成为 20 世纪后期讨论的热点，所谓的"双重红利"（Pearce，1991）是指，不仅通过减少污染物排放带来环境红利，而且通过减少政府收入增加带来总成本获得的额外红利（Zhang、

Baranzini，2004）。Baranzini、Goldemberg、Speck（2000）在其文章中也提出，"证据显示碳税可能是一个有趣的政策选择，它的负面影响可以通过合理设计税收和产生的财政收入的使用来弥补"，也反映了双重红利的思想。双重红利的绿色税收本质上在通过税收解决环境问题的同时，用获得的税收减弱或消除经济中其他税收带来的负担，从而提高税收效率（武亚军，2005）。近年来，国外绿色税收体系得到了快速发展，表6-1显示了1990年之后部分欧洲国家实现绿色税收的具体情况。

表6-1　1990年后欧洲部分国家绿色税收情况

国家	年份	环境税种	税收用途
丹麦	1992	CO_2 税	抵减个人所得税 44%~52%，提供能源设备节省补贴，降低轻、重燃油能源税以维持税收中立
	1996	调整碳税，开征硫税	部分用于节约能源设施投资优惠，减少企业的劳动退休基金，成立协助中小企业的特殊基金
	1999~2002	分别调节汽油税，2000年调节柴油税，提高燃料油、煤炭和电力的税率	部分 CO_2 税收作为储金能源效率的相关投资补贴，降低所得税率
挪威	1991	CO_2 税	降低资本与劳动所得税边际税率，降低企业社会保险金
	1998	取消海运、航空的免税规定，提高石油与天然气的 CO_2 税的税率，开征垃圾税，扩大污染税，开征商业柴油税	用于补偿环境税收影响最多的经济部门，减少劳动税，进一步减免可再生资源，以及水力发电的投资税
德国	1999	提高石油税税率、开征电税	降低劳资双方年金保险保费费率
	2000~2003	提高环境税率，对于地方性公共运输工具进行减免优惠	再减少保险保费费率，补贴可再生能源生产
英国	1996	开征垃圾掩埋税	环保支出以及减少企业社会保险费
	2000	开征气候变迁税	减少企业社会保险费率，提供促进能源措施的额外经费补贴，成立碳信托基金促进能源效率和碳科技的发展
	2002	开采税	减少国民保险保费，成立可持续基金
瑞典	1991	提高既有环境税税率，开征能源附加税、CO_2 税、SO_2 税	降低个人所得税
	1997	调升 CO_2 税率，发电企业免征 CO_2 和能源税，但要征 SO_2 税	降低水力发电的生产税税率
	2000	调节柴油税率、电力税率、核能发电税率	部分费用作为持续性就业培训费，调降农业部门能源税和 CO_2 税
	2001	提高 CO_2、柴油税和发电税率	进一步减少劳动保险保费负担，调升所得税扣除额

续表

国家	年份	环境税种	税收用途
荷兰	1996	能源管制税，针对小型能源使用者征税	减免个人所得税，增加免费额
法国	1999	将各种环境税合并为一般化污染税，开征部分产品的水资源税	推动每周 35 小时的自愿工作计划
	2001	对中介能源产业进行征税	推动每周 35 小时的自愿工作计划
芬兰	1997	CO_2 税改依照含碳量课税，电税对原料课税改成向消费课税	抵减个人所得税，减少企业的社会安全负担
	1998~1999	提高 CO_2 税和电税税率	减少劳动相关税
意大利	1999	将汽油产品税改为按照碳量课税，开征煤税等燃料税	减少劳动税和企业所得税，部分税收用于促进能源效率投资
	1999~2004	各项燃料税税率不断调升	减少劳动税和企业所得税，部分税收用于促进能源效率投资

资料来源：陈昀、赵旭：《我国实行绿色税收改革的探讨》，《中国第三产业》，2004 年第 9 期。

三、我国能源环境税制度现状及问题

在能源价格逐渐走向市场化、国际化的同时，能源环境税应该成为我国工业乃至全部行业节能技术创新的重要激励政策，这不仅符合社会主义市场经济的内在规律，也适应世界发展的潮流。我国政府在改革开放之初就已经关注到能源环境问题，相继出台了环境保护的相关法律，从 1982 年开始对污染排放进行收费，但就目前状况来看，我国能源环境税制度仍与发达国家存在明显差距。相对于绿化税收体制，我国的差距更大，王金南等（1998）采用消费税、资源税、车船使用税、土地使用税、城市建设与维护税、固定资产投资方面调节税占税收总额的比重表示我国税收的绿化程度，测算结果，1994~1996 年我国税收绿化程度约为 8%；武亚军（2005）采用消费税、资源税、车船使用税、城镇土地使用税和耕地占用税以及与污染有直接关系的排污费和城市水资源费进行绿化程度测算，其测算结果显示，2000~2002 年我国税收绿化程度仅为 3.34%~3.87%，并呈现下降趋势，明显低于 OECD 国家的平均水平（1993 年为 6.67%；1995 年为 7%）。具体而言，目前我国能源环境税收体制方面主要存在以下突出问题：

　　首先，能源环境税收品种不健全，税率偏低，很难对工业节能技术创新起到激励作用。目前，我国虽然建立了较为健全的资源税收体制，但资源税收税率确定的主要依据仍是调节级差收入，并未提升到环境和资源保护的水平（张志仁，2004），普遍税率较低，其中煤炭资源税率大多数省份均维持在 2.5~3.5 元/吨的水平，这个水平不仅很难达到刺激工业节能，而且也很难达到弥补资源耗竭的成本。据有关方面测算，1994 年我国煤炭资源的租金就已经达到 5 元/吨（中国环境与发展国际合作委员会，1997）。石油和天然气的资源税的主要目的同样是调节级差收入，2005 年 7 月开始，我国石油资源税为 16~30 元/吨不等，天然气则为 7~15 元/立方米不等。相对较为完善的资源税，我国消费环节的能源税更不健全，仅对汽油、柴油征收了消费税，并且近年来税率有所提高，而我国消费量最大的煤炭还未纳入消费税体系。从目前趋势来看，煤炭在一段时期仍是我国工业主要依赖的能源，因此，现行的这种消费税体制不利于我国工业整体的节能技术创新发展。

　　其次，排污收费费率偏低，覆盖面较小。目前，我国对于环境控制主要通过排污费的收取，这项政策始于 1982 年国务院颁布的《征收排污费暂行办法》，经过多年发展，我国形成了较为完善的排污费征收体系，排污费制度对我国环境污染的控制起到了一定的积极作用。2003 年 7 月国务院又出台了《排污费征收使用管理条例》，进一步规范排污费的管理，并且明确了排污费的用途，排污费必须纳入财政预算，列入环境保护专项资金进行管理，主要用于下列项目的拨款补助或者贷款贴息：重点污染源防治；区域性污染防治；污染防治新技术、新工艺的开发、示范和应用；国务院规定的其他污染防治项目。但总体上看，我国排污费仍存在一定问题，主要表现为排污收费率偏低，费率并未体现企业治理污染边际成本，企业宁愿缴费也不愿意治理（张志仁，2004）。就整体收费额而言，尽管我国污染收费额不断增加（如图 6-1 所示），2006 年我国排污费征收总额为 144.1 亿元，但远低于合理水平。据核算，以 1995 年的排污量为依据，我国合理的排污收费总额应为 448~553 元（王金南等，1998），远远高于 2006 年排污费征收总额。此外，排污费覆盖范围较低，以 2004 年为例，缴费单位数量为 73.3 万个，仅占全部 137.5 万个工业企业的 53.3%。

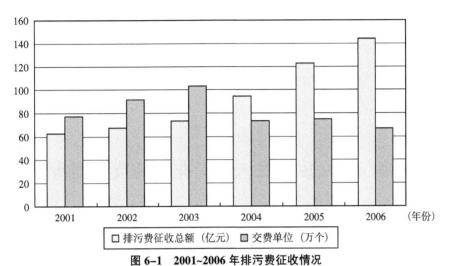

图 6-1　2001~2006 年排污费征收情况

注：2003 年交费企业数量为上半年与下半年之和，可能存在高估。

资料来源：国家环保总局历年《环境统计公报》。

最后，能源环境税费征收存在一定困难。尽管我国能源环境税费普遍较低，但在征收过程中仍然存在较大阻力。这种阻力主要表现为以下几个方面：地方政府出于本身经济发展的需要，往往对区域内企业进行"扶植"；相关企业也通过寻租行为瞒报和漏报各种税费，特别是许多民营小企业，环境费用对其约束力极低，通过采用技术水平落后的设备实现成本优势成为了其重要的竞争优势；由于相对环境税而言，排污费约束力明显不足，部分大型国有企业也依仗自身"央企的特权"，拒绝地方政府的监督。据陕北的横山县反映，长庆油田的开采给环境造成严重破坏，却拒绝履行环境影响评价，不服从地方管理，以中央自居，且在地方道路上设置关卡，影响治安；同样神华公司在陕北矿井设计和审批全由神华集团自己操作，各级政府和相关部门无法审查和监督。[①]

综上所述，尽管我国政府较早关注了能源环境税收问题，但在实际的体制和操作层面，我国能源环境税收仍不完善，还无法弥补环境和资源的损失，更无法对节能技术创新产生引致作用。在能源价格机制逐渐完善的今天，加快能源环境税收改革，建立基于"双重红利"的绿色能源环境税收体制对于工业节能技术创新具有重要的现实意义。

第二节　政府投入与工业节能技术创新

一般而言，政府关于节能技术创新的政策包括两大类：提高企业使用能源成本的激励政策；降低企业节能技术创新成本的促进鼓励政策。第一类政策主要是解决能源使用中存在的负外部性问题；第二类政策侧重节能技术创新中存在的正外部性问题。

一、政府节能技术创新投入的理论依据

外部性通常包括两种类型，一种是私人成本低于社会成本的负外部性，另一种是私人收益要小于社会收益。技术创新的外部性大都属于第二类，例如有关研究结果显示，R&D 开支的私人收益率平均为24%，而社会收益率却达到 66%（张小蒂，1999）。技术创新的外部性主要来源于技术知识具有公共物品或准公共物品的特性，最先关注技术创新外部性的学者是阿罗（1962），其提出由于技术知识非竞争性的特点，使得超出技术知识最先产生的厂商、产业或部门之外的众多机构受益。技术知识具有所谓的"溢出效应"，而这种溢出效应主要来自

---

① 张云：《非再生资源开采中价值补偿的研究》，中国发展出版社 2007 年版。

于模仿，Mansfield 等（1981）发现，60%的专利技术在 4 年内被模仿。外部性会对技术创新产生不利影响，一方面，由于创新企业只能获得全部创新收益的部分，降低了企业技术创新的积极性；另一方面，由于技术模仿成本较低，如果溢出效果较为明显，企业更倾向于作为追随者，希望其他企业首先进行创新，技术创新演化成为了"等待博弈"（Waiting Game）（Dasgupta，1988）。

通常而言，解决技术创新外部性的途径主要有两类：外部性内部化和政府补贴。[①] 所谓的外部性内部化是通过制度设计实现创新企业的私人收益与社会收益相同。专利制度是最为常用的内部化工具，依照阿罗（1962）的"专利补偿机制理论"，如果不给予创新企业特殊保护，那么竞争的技术模仿将降低企业创新的收益，使得企业丧失技术创新动力，而通过专利制度可以使企业在一定的时限内具有技术垄断优势，从而增加企业技术创新的动力。专利制度本质是通过私人补偿形式来弥补技术创新企业的损失，其中体现了"谁受益，谁负担"和"一分耕耘，一分收获"的社会公平思想。诚然，专利制度确实能够提高技术创新企业的激励，有利于技术发展和实现或接近社会公平。同时，以私人补偿形式的专利制度在一定程度上阻止了新技术的扩散与传播，而这种影响在工业节能技术创新中具有特殊含义。如前所述，能源与环境问题成为全世界经济发展的重要制约因素，节能减排刻不容缓，而从工业发展过程和当前的现状分析，作为技术创新主体的工业企业节能减排的内在动力并不充分，在这种情况下，仅（或主要）通过专利制度激发企业节能技术创新的动力明显不够，更为重要的是，基于专利制度的时间垄断机制与节能减排的现实要求存在一定差距。前文关于"能源效率之谜"的介绍也充分说明了上述问题，这里不再赘述，下面仅对技术扩散的机制进行简单说明。

一般公认，技术扩散是熊彼特（1942）提出的，其将技术进步分

---

① 这里的政府投入为广义投入，包括政府技术创新的直接投入和相关政府技术创新补贴等间接投入。

为发明、创新和扩散。技术扩散的实证研究最早可以追溯至 Kuznets (1930) 的研究，其考察了包括美国、英国、法国、比利时等 50 个国家 60 种工农产品和 35 种工农业产品价格变动，首次提出技术变革可能服从一条 S 形的曲线。Mansfield（1961）通过对 4 个行业 12 种技术扩散进行研究，率先创造性地将"传染病原理"和 Logistic 曲线应用于技术扩散研究中，提出了著名的 S 形技术扩散模型。[①] 技术扩散的 S 形曲线如图 6-2 所示，可见技术扩散经历一个从缓慢到加速扩散，再到减慢的过程。初期技术扩散的速度相当慢，在达到一个时间拐点之后技术才会加速扩散，后期技术扩散的速度又明显下降。

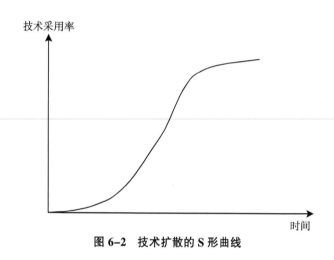

图 6-2　技术扩散的 S 形曲线

关于技术扩散的时间，因行业和技术特点不同而不同，Mansfield（1968）研究显示，从技术第一次使用到 90% 的潜在用户使用，大约需要花费 5~50 年的时间。节能技术扩散同样面临上述问题，Newell、Jaffe 和 Stavins（1999）对 1960~1990 年室内空调的技术发展研究表明，在没有政府政策干预情况下，室内空调能源技术上升速度较慢，政府政策有助于其拐点的出现。由此可见，面对技术扩散的客观过程和节能减排的现实，单纯依赖专利补偿无法加速节能技术创新的扩散，

① 梁丹等：《技术扩散研究进展》，《科学研究》，2005 年第 4 期，第 29-34 页。

而且在某种意义上可能减缓这种效果（企业采用新节能新技术成本增加）。因此，根据现实需要，采用政府补贴的形式弥补节能技术创新的外部性更加有利。具体而言，政府补贴可以采取多种形式：给予节能技术首创企业奖励，并缩短企业专利期限；政府出资研究开发节能技术；政府出资与企业合作，联合开发节能技术，减低企业研发的成本。

此外，除了解决技术扩散的外部性之外，促进企业采用节能新技术也是政府的重要职责。由技术扩散的理论可知，单纯依靠企业自发采用节能新技术过程较长，特别是对于工业行业，采用节能技术成本往往较高，加之能源技术最为落后的中小企业采用节能新技术的能力较弱，因此，政府补贴对于工业节能技术推广具有重要意义。尽管存在不同的声音，但许多学者的研究肯定了政府补贴的作用，Blok（1993）对荷兰的热电联产的研究显示，多种形式的投资补贴降低了企业采用新技术的成本，缩短了能源效率技术扩散的时间。Worrell 等（2001）的研究指出，厂商经常使用资本配给的方法进行内部投资的分配，这种方法往往导致高的门槛回报率（Hurdle Rate），这将大大提高企业技术投资的门槛，而且在发展中国家，国内企业的资本成本相当高，特别是中小企业，主要受银行和金融机制的限制。Diepernik、Brand、Vermeulen（2004）在对荷兰工业节能技术创新扩散研究中，从技术扩散的机理出发，在总结经验研究的基础上，提出了促进工业节能技术创新扩散的概念性框架，并将政府补贴作为政府职责的重要内容之一。Aalbers 等（2006）研究显示，政府补贴即便较小，不能弥补厂商采用新技术的成本，但仍将对企业采用新技术起到积极作用。Brown（2001）的研究也肯定了美国能源部（DOE）的基金对美国工业节能技术应用的重要作用。

二、国外政府工业节能技术创新投入政策

随着能源环境问题的日益严重，自 20 世纪后期开始，世界各主

要国家对节能技术创新问题日渐重视，出台了相关扶植政策，逐渐形成了较为完善的节能技术创新政策体系。目前，世界主要国家的节能技术创新支持政策呈现系统化和多样化的趋势，存在多种形式的具体政策措施。概括起来这些政策可以分为两大类：一类是政府直接对节能技术创新进行投入，参与节能技术项目的研发；另一类是通过补贴、税收减免等形式支持企业开展节能技术创新活动，即间接投入。

（一）节能技术创新的直接投入

由于节能技术具有公共产品（准公共产品）的特性，单纯依赖企业进行研发较难满足社会的需要，同时鉴于能源与环境因素的约束日渐增强，政府直接投资参与节能技术项目的研发成为世界主要国家政府的必然选择。如表 6-2 所示，自 20 世纪末以来，IEA 国家政府能源研发投入强度基本保持稳定。

表 6-2 世界主要国家政府能源研发投入强度①

单位：%

年份	1996	1997	1998	1999	2000	2001	2002	2003	2004
加拿大	0.04	0.03	0.03	0.03	0.03	0.03	0.03	0.03	0.03
美国	0.03	0.02	0.02	0.03	0.02	0.03	0.03	0.03	0.02
日本	0.09	0.08	0.09	0.09	0.09	0.09	0.10	0.09	0.09
新西兰	0.01	0.01	0.01	0.01	0.01	0.01	0.01	0.01	0.01
丹麦	0.02	0.02	0.03	0.02	0.03	0.03	0.01	0.01	0.02
德国	0.02	0.01	0.02	0.01	0.01	0.01	0.01	0.02	0.02
荷兰	0.04	0.04	0.04	0.04	0.03	0.04	0.03	0.03	0.03
挪威	0.03	0.03	0.03	0.03	0.03	0.03	0.03	0.03	0.03
葡萄牙	0.00	0.00	0.00	0.00	0.00	0.00	0.00	0.00	0.00
西班牙	0.01	0.01	0.01	0.01	0.01	0.01	0.01	0.01	0.01
瑞典	0.02	0.03	0.02	0.03	0.03	0.03	0.04	0.04	0.04
瑞士	0.06	0.05	0.05	0.05	0.04	0.04	0.04	0.04	0.04
土耳其	0.00	0.01	0.01	0.00	0.00	0.00	0.00	0.00	0.00
英国	0.01	0.01	0.01	0.01	0.01	0.00	0.00	0.00	0.00

---

① 这里能源研发强度是以能源研发预算为基础计算，虽然与实际支出存在一定差异，但基本上能够反映能源投入状况。

续表

年份	1996	1997	1998	1999	2000	2001	2002	2003	2004
奥地利	0.01	0.01	0.01	0.01	0.01	0.01	0.01	0.01	
芬兰	0.06	0.07	0.07	0.07	0.05	0.05	0.05	0.04	
法国	0.04	0.04	0.04	0.05	0.04	0.03	0.03		

注：所有数据为财政年度，2004 年为 2004 年 4 月至 2005 年 3 月。

资料来源："Energy Policies of IEA Countries—2005 Review"，http://www.iea.org。

世界主要国家政府能源研发投入涵盖多个项目，主要分为能源效率、化石燃料、可再生能源资源、核裂变及溶解、氢和燃料电池、发电及储存技术、能源系统研究及其他技术。就政府能源研发投入项目分布看，传统能源研发、能源效率研发及制造业能源效率研发的比重整体较低，从 20 世纪 90 年代初经历了先上涨后下降的过程，如图 6-3 所示。造成这种现象的原因主要在于发达国家对传统能源资源可耗竭性的危机感加重，以及发达国家产业结构升级的需要。除此之外，对于节能技术创新现状的认识也是重要原因。近年来，普遍认为工业节能技术创新的主要问题在于扩散，即现有节能技术的采用（能源效率之谜）。例如 Worrell 等（2004）选择对美国出现的 50 多项制造业节能技术进行分析，指出美国目前尚未完全使用现存的能源和环境技术。

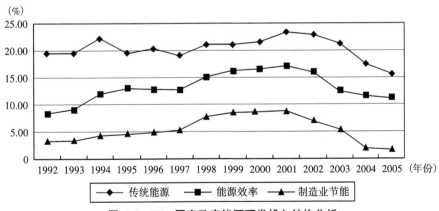

图 6-3　IEA 国家政府能源研发投入结构分析

注：传统能源包括能源效率、化石燃料和发电及储存技术。

资料来源：IEA 统计数据库，http://www.iea.org。

政府能源研发投资的项目分布在不同国家也存在较大差异：奥地利、加拿大、芬兰、爱尔兰、瑞典 2003 年节能研发政府支出在能源研发政府支出中的比重均高于 20%；澳大利亚、挪威 2003 年化石燃料研发支出的比重均超过了 50%；奥地利、匈牙利、冰岛、新西兰、挪威、葡萄牙、土耳其、英国 2003 年可再生能源研究比重均超过 30%；德国、英国、匈牙利、意大利、西班牙核能源研究超过 30%，日本更是超过了 60%；与其他国家不同，美国更加重视能源系统的研究，2003 年该项研究的比重高达 42.37%。综合来看，各国政府节能研发投入结构的不同很大程度源于资源结构、经济实力和技术基础的差异。

（二）节能技术创新的间接投入

在给予节能技术创新研发投入的同时，以各种补贴形式鼓励和支持企业进行节能技术创新活动也已经成为世界各主要国家能源政策的重要内容。自 20 世纪 70 年代以来，政府节能技术创新补贴是在世界范围使用最为广泛的鼓励政策。

Price、Galitsky、Sinton、Worrell 和 Gruas（2005）对世界主要国家关于工业能源效率提高的相关政策进行了较为详细的分析。目前，存在多种形式的关于工业能源效率提高的激励政策：直接给予能效项目的补贴，通常是按照企业投资比例或节约总量的一个比例分配，也可以给予设备生产商用于发展和市场开拓；能源审计是评估设备能效和提供相关技术信息的制度，政府或公众设立相关的审计基金用于减少企业采用新节能技术的交易成本；公共贷款是向能源效率投资提供低于市场利率的贷款支持；创新基金的目的是增强银行和私人组织对能源效率项目的投入，其本质是通过减少能源效率项目投资风险和增加收益来提高相关私人投资的积极性，具体做法包括设立能源服务公司、担保基金、循环基金以及风险投资等；税收减免是通过税收返还、税收减免、加速折旧等方法鼓励企业采用新技术，其中加速折旧指给予采用节能设备的企业相对于标准设备更快的折旧速度。

在其调查的 62 个国家和地区之中，28 个国家和地区提供相关的政府补贴，37 个 OECD 成员国之中，24 个国家存在该项政策；21 个国家和地区提供相关的贷款支持，其中包括 12 个 OECD 成员国；39 个国家和地区设立了创新基金，其中包括 25 个 OECD 成员国；23 个国家建立相关税收减免制度，其中包括 15 个 OECD 成员国；40 个国家设立了补贴审计制度，OECD 成员国为 24 个。

在上述政策中，一些国家专门针对无力负担节能技术创新项目的中小企业提供专项支持政策，例如荷兰的 BSET 项目专门针对中小企业，弥补了中小企业在一些具体技术方面 25%左右的成本。此外，有些国家则将补贴与前面提到的能源环境税收进行综合使用，例如丹麦政府为了实现节能减排的目标，在使用能源与环境税进行相关技术使用激励的同时，采用了对清洁能源技术给予补贴及对参与节能减排协议的高耗能行业企业给予税收减免。实践也表明，将税收和财政支持政策整合使用，向企业提供明确的经济信号和激励是"最好的国际经验"。

三、我国政府节能技术创新投入现状研究

近年来，面对日趋严重的能源环境问题，我国政府更加重视对节能技术创新的支持。《国家中长期科学和技术发展规划纲要：2006~2020年》提出，到 2020 年全社会研发投入强度要提高到 2.5%以上。在列出的重点研究领域和优先课题中，能源科学和技术发展位于重点支持领域的第一位，其中工业节能又被放在该领域优先主题的第一位。

对我国政府节能技术创新投入进行研究存在一定的困难，这主要是由于我国尚未建立较为完善的能源统计体系，缺乏相关的直接统计数据，因此，目前的相关研究较少。马驰、高昌林、施涵（2003）根据 2000 年全国 R&D 资源清查综合资料汇编，估算出 2000 年中国政府能源领域 R&D 投入强度大约为 0.0068%，明显低于世界主要国家水平。该研究的估算方法主要是通过对能源相关行业的研发数据与全国

数据进行比较分析来估算相关结果。尽管估算中包括了锅炉、电机等行业，但上述分析的研发投入仍主要集中于能源生产领域，对于描述整个生产过程中的节能研发投入可能存在一定的低估。

2003 年以来，我国对科技统计制度进行了一些调整，将国家主要科技计划中央拨款分为国家科技攻关技术、基础研究计划、研究开发条件建设计划和科技产业化环境建设计划等项目，并分社会经济目标统计了国家主体性计划项目（主要包括基础研究计划、"863"计划、国家科技攻关计划）投入的具体情况，其中包括了能源的生产和合理利用。近年来，能源的生产和合理利用项目的国家投入比重呈现下降趋势，如图 6-4 所示。

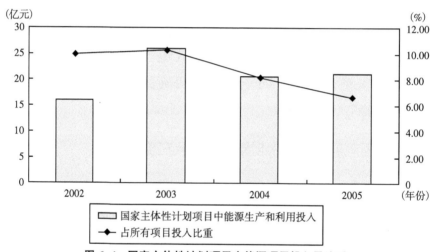

图 6-4　国家主体性计划项目中能源项目投入及比重

资料来源：依照科技部、国家统计局 2003~2006 年《中国科技统计年鉴》计算。

从具体分类角度，上述统计非常接近中央政府对能源领域的研发投入，以其计算中国政府能源领域研发投入强度，如图 6-5 中研发强度 1 所示。同时，由于国家主体计划项目投入主要来自于中央政府，考虑到地方政府的投入，本书采用逐年地方政府科技财政支出占中央科技财政支出比例折算地方政府能源领域研发投入，将其加入国家主体计划项目中，进而估算出政府能源研发投入强度 2（见图 6-5）。由此估算，我国政府能源研发投入强度大约在 0.02% 左右，虽然结果明显高于马驰等的估计，但与世界各国相比，仍处于较低的水平，甚至低于世界主要国家 20 世纪 90 年代的水平。

至于节能技术创新相关的支持政策，尽管各级科技主管部门均设立了一定数量的节能技术创新基金，但就整体而言，我国尚未形成节能技术创新政策支持体系。2007 年初，国家发展和改革委员会、科技部联合发布了《中国节能技术政策大纲（2007）》，明确了近期我国节能技术发展的重点领域，同时将财政、税收政策作为促进节能技术发展的重要保障政策之一；2007 年 10 月出台的《中华人民共和国节约能源法》明确提出，要通过节能专项资金的设立、税收优惠、信贷支持等方式促进节能技术创新。虽然政策方向已经确立，但目前尚缺乏具体的操作性政策，因此加快相关操作政策的研究制定应是现阶段我国节能技术创新政策体系完善的重点。

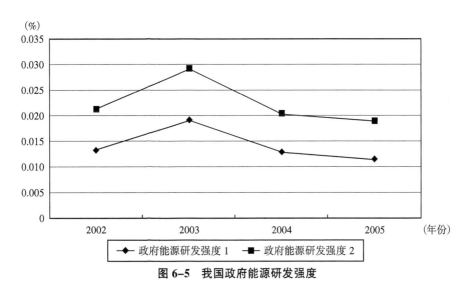

图 6-5　我国政府能源研发强度

资料来源：依照科技部、国家统计局 2003~2006 年《中国科技统计年鉴》计算。

第三节　政府节能技术创新信息平台建设

信息是节能技术创新另一个需要政府关注的问题，从某种意义上讲，知识和技术本身是一种信息的具体表现形式，准确、及时地了解技术信息直接关系到企业的新技术创新和采用。目前，世界各主要国家均建立了较为完善的节能技术创新的信息体系，为我国信息体系建设提供许多可资借鉴的经验。

一、工业节能技术创新中的信息问题

技术创新中的信息问题很早就受到了经济学家的关注，阿罗（1962）指出，从根本意义上讲，技术本身就是信息，而市场对于信息而言是显著不完美的。Stoneman、Diederen（1994）对于技术扩散中信息不完美的情况进行了综述性研究，在总结前人研究的基础上，将技术信息传播的市场机制分为 3 种：潜在用户通过观察技术采用者的经验主动获得知识；潜在用户通过资本品提供者的推动或其他信息扩散的行为获得信息；潜在用户采取搜索行为主动寻找信息。这 3 种机制均可能带来不同程度上的市场失灵：第一种情况，意味着存在较明显的信息外部性，在这种情况下，厂商可能丧失或减弱技术创新的积极性；第二种情况，由于资本品提供者过度关注自身品牌，有可能造成广告的过剩；第三种情况，将造成厂商搜索成本的充分支出。面对市场信息失灵问题，政府干预似乎是必然选择，文章提出了 3 种政府干预的方式，即提供信息、风险转移和"创造"信息，并针对这 3 种方式指出了可能存在的问题。政府提供信息，一方面可以使得厂商降低企业搜寻的成本，另一方面过于清晰的信息可能使得厂商为了等待更好的技术而推迟采用现有技术，而且还可能会降低私人部门创新和搜寻信息的积极性；由政府部门承担研发和信息提供的风险转移可能存在道德风险；由政府部门强行增加技术标准的创造信息方式也可能由于时机选择和标准选择产生非最优结果。

由上面的介绍可知，学术界关于技术创新中市场信息失灵问题的看法较为一致，但对于市场信息失灵的政府干预问题存在较大分歧，有学者对政府干预持肯定的态度，也有学者认为政府干预未必能够带来更好的结果。笔者认为，任何事情总存在两个方面的因素，即积极因素和消极因素。如果存在均无法达到最优的两种选择，"两利相权取其重"的次优选择方法是必然选择。特别是工业节能技术创新这种较为特殊的创新类型，政府干预尤为重要。

首先，延续本书的思路，工业节能技术创新是外因主导的相对被动的创新类型，厂商本身往往缺乏积极性，如果单纯依靠技术信息传播的市场机制，不仅无法适用现阶段能源环境问题的需要，而且节能技术扩散速度也往往会低于那些直接关系到企业竞争优势的技术创新。

其次，上述关于政府干预的负面影响，往往是指针对某一具体政策，未考虑其他政策的影响，而政府政策通常是一个体系，不同政策合理搭配将减少单一政策的负面影响。例如，如果将上述节能技术创新信息政策与政府节能激励政策相联系，相应政策的效果会更加明显，一方面提高了厂商使用旧技术的成本，另一方面降低了企业采用新技术的成本，厂商采用新节能技术的动力必然加强；而对于道德风险及企业政策选择，则可以通过相关政策和制度加以约束。

最后，如前所述，工业节能技术创新属于固化于资本之中的过程创新，如果技术选择不当，再次改造的成本很大。单纯依靠市场选择技术具有一定的偶然性，这种偶然性将对未来技术走向产生深刻的影响，即"Information Cascade"（Geroski，2000）。例如，两种技术 A 和 B 同时出现在市场中，没人知道两种技术的优劣，而由于某种原因，最早使用厂商选择了 A 技术，只要 A 技术好于现有技术，那么随之而来的信息和经验将集中于 A 技术，而无人愿意再投资 B 技术，即使 B

技术可能更有效率。工业节能技术创新的高成本和能源环境威胁的迫切性要求尽量降低这种技术选择的风险，相对市场和厂商的自发行为，政府担当节能技术评价的职责更为合适和经济。

　　节能技术创新领域的信息问题受到许多学者的关注，大多学者均支持相应的政府干预行为。Jaffe 等（2005）指出，由于技术创新中存在外部性问题，单纯依靠环境政策很难解决未来气候变化巨大的不确定性和风险。文章进一步将节能技术创新中的信息失灵归结为两个方面：技术的公共产品性质以及委托代理问题，其中委托代理问题指建筑及设备提供者选择在能源效率方面的投资，而最终为能源使用付费的为使用者，如果使用者对于建筑和设备的能源效率技术的信息不完备，那么提供者节能技术采用的激励将不足。据此，文章认为，能源环境问题的解决不仅依赖于环境政策，而且也必须提供相应的技术政策。De Groot 等（2001）对荷兰企业节能技术采用调查中显示，投资之前对于各种关于投资机会的信息十分重要，而大约 30% 的厂商并不知道或者较少意识到存在新的技术，20% 的厂商对其他厂商现有技术了解很少，增强企业对于节能技术机会的知识是未来政策的重点，但同时作者认为，政府利用中介组织实行这个目标可能更为合适。Worrell 等（2001）的研究显示，信息收集和处理需要花费时间和资源，特别是对中小企业，这种信息缺口不仅涉及终端使用设备的消费者，而且涉及市场的各个方面，包括设备生产者和提供者。

　　由于缺少相关的数据，关于信息政策效果的实证研究较少。Morgenstern 等（1999）采用商用建筑能源消费调查数据进行研究，结果显示，信息提供确实对商用建筑高效的照明技术的采用起到积极作用。Newell 等（1999）证明了能源效率标签制度的作用。关于工业节能技术创新中的信息政策效果问题，Anderson 等（2004）进行了较为系统的研究，其利用美国能源部工业评估中心计划的数据分析了制造业企业对能源审计制度的响应，美国能源审计制度自 1976 年无偿向制造业中小企业提供能源评估，其中心目的是增进中小制造业企业获得节能技术创新的信息和专家的支持，而这些对于大企业更容易获得。文章显示，尽管并不知道不存在能源评估计划的情况，但现实中大约一半左右被能源评估团推荐的项目确实被采用。关于未被采纳项目的调查发现，这些项目之所以未被采纳主要原因在于存在许多不可测算的成本、风险及不确定性，除此之外还存在一些制度壁垒。据此，文章建议应针对这些项目制定更多的成本政策，借以提高该类项目的财务吸引力。

二、我国节能技术创新信息服务政策

尽管学术界存在一定争论，但为节能技术创新提供信息服务已经成为发达国家政府促进节能技术创新政策的重要内容之一。目前，世界各国关于节能技术创新信息方面的政策有很多具体形式，归纳起来，大致可以分为三类：第一类是强制明示政策，通常采用的方法是制度能源效率标识制度，即强制厂商在其产品上标注能源效率指标，向使用者明示能源消费情况。目前美国、欧洲、日本、澳大利亚等国家和地区均设立此项制度，而且由最初的日常消费品逐渐向工业设备及资本品过渡，例如，2001 年澳大利亚开始要求工业设备标注能源效率。第二类是辅助性政策，即政府直接帮助企业，特别是能力较弱的企业进行节能技术创新项目设计与评估。前面提到的能源审计制度是发达国家主要采取的政策形式，在 Price 等（2005）关于 62 个国家的调查中，已有 40 个国家建立了能源审计制度，而且很多国家还设立专门的管理机构，例如，澳大利亚委托工程师协会对 200 多家合格的能源审计机构进行登记注册和管理（刘显法、吕文斌，2002）。第三类是及时提供和发布相关技术信息，具体方式包括定期发布相关信息、建立网站及举办展览等，例如，日本经济产业省定期发布节能产品目录，能源中心每年 2 月举办"节能环保设备与技术展览"，并建立相关网站、出版期刊进行宣传（马文秀，2004）。此外，充分发挥中介组织的作用也是世界各国节能技术创新信息政策的内容。

相对发达国家而言，目前我国节能技术创新信息服务政策尚不健全。追根溯源，改革开放之初，我国政府已经开始进行相关政策的尝试，1981 年国务院要求京、津、沪和工业集中省份建立节能技术服务中心，1982 年原国家经委制定并公布了《节能技术服务中心工作条例》。1989 年原国家计委又印发了《关于节能技术服务中心工作的若干规定》，进一步明确了节能技术服务中心相关职责——在协助政府能源规划的同时，为企业提供技术和信息服务。具体内容包括：为企业进行其他方面的节能技术服务和咨询工作；组织节能技术开发和交流，推广节能新技术、新产品、新工艺、新材料，开拓节能技术市场；利用各种宣传工具，开展节能宣传和节能科技普及活动；采取培训班、研讨会、专题技术论证会等多种形式，为企事业单位培训能源管理干部、技术干部及操作人员等。截至 1989 年，我国已建立节能技术服务中心 200 余家。虽然建立较早，但目前大多数节能技术服务中心工作仍主要服务于政府能源规划，较少担负起为企业服务的职能，并未真正改善企业关于节能技术创新信息状况，从而导致企业产生"现在上门推销节能技术的人很多，但我们无法鉴别，区分其真伪"[①] 的抱怨。

关于能源效率标识制度，我国起步较晚，尚处于起步阶段。2004 年 8 月政府颁布了《能源效率标识管理办法》，从 2005 年 3 月 1 日开始执行。从第一批和第二批公布的目录来看，标识制度目前还仅限于家用电器，未包括直接关系到工业行业节能技术创新的工业设备。此外，我国现有能源审计制度与国际能源审计制度存在明显差异，我国能源审计制度主要肩负能源消费的监督和管理职能，工作重点是对企业能源使用情况进行审查，查处违规违法使用能源以及能源浪费等，职能主要集中于审计署，仍属于政府行政管理范围，而非节能技术服务制度，并不能为企业提供节能技术项目的咨询和评估。

综上所述，虽然我国节能技术信息服务政策建立较早，但相关政

---

① 笔者参加交通部节能工作座谈会，部分企业的发言。

策体系仍不完善，服务水平较低。近年来，我国进一步明确了节能技术信息服务的方向,《中国节能技术政策大纲（2006）》中将"推进能效标识应用领域、定期编制和发布《节能产品目录》、提供信息服务"作为我国节能技术创新的重要保障措施。但就现实而言，加快节能技术创新信息服务相关操作性政策的制定和规范政策的实施仍刻不容缓。

第七章　工业节能技术创新体系

在能源环境问题日趋严重的今天，节能技术创新已经成为公认的解决上述问题的重要途径。由于本身具有的特殊性，工业节能技术创新是世界范围内的难题，受到世界各国的普遍关注。改革开放以来，虽然我国在工业节能技术创新方面取得了长足的进步，能源效率持续下降，但工业能源技术水平仍与发达国家存在明显差距，尚无法完全适应我国能源环境现实的需要。因此，进一步提高我国工业节能技术创新水平仍是我国现阶段的中心工作之一。

第一节　技术创新体系理论与实践

技术创新的复杂性决定了其涉及经济社会的诸多方面，很难通过某一单独的理论进行完全解释，也无法通过单独的政策措施来推动。正如弗里曼在国家创新体系论述中引用李斯特对斯密的批评一样，"亚当·斯密忘记了这样一个事实，根据他对资本所作的定义，他自己就已将生产者的体力和脑力两个方面归纳进资本的含义之内。但他却错误地认为，国家的收入仅仅依赖于物质资本的总额"。[①] 20 世纪 80 年

---

① [英] 弗里曼等：《工业创新经济学》，华宏勋等译，北京大学出版社 2004 年版。

代以后，在企业理论、创新经济理论、演化经济理论的推动下，技术创新体系的相关研究逐渐发展并日渐成熟。

一、国家创新体系、部门（产业）创新体系、技术体系

近年来，演化经济学的蓬勃发展拓宽了技术创新的研究思路，更宽视角的技术创新理论也随之出现。演化经济学是在对新古典经济学批判的基础上建立起来的，正如 Witt 等（1992）所指出的，演化经济学不同于传统之处在于其理论体系中将创新放在核心地位，确实或多或少明确地同意新奇在经济变化中所起的关键作用，这是演化经济学与新古典经济学在研究纲领上的基本区别。演化经济学对新古典经济学的批判是根本性的，集中于新古典经济学的基本假设——最优假说、类型思考与历史无关，取而代之的是试错的搜寻过程为基础的满意性假说、强调偏好特异性和行为异质性的群体思考、体现路径依赖的历史重要。①演化经济学非常强调国家的作用以及经济参与者之间的相互作用，弗里曼（1997）延续李斯特的思路，不仅强调教育和培训的机构、科学与技术的研究机构、使用者与生产者之间的相互学习、知识的积累、引进技术采用、战略产业的推动，而且强调政府在经济发展中的重要作用。伦德瓦尔更加详细地论述了创新是用户与生产者相互作用的过程，强调"经济行为者控制下信息量和信息类型变动的过程"、"经济生产和传播具有新特点的使用价值的能力"以及"经济行为者之间的体系的相互依赖关系"。② Teece（1986）进一步提出了所谓的互补性资产（Complementary Assets），即与创新成功商业化密切相关的能力或资产，互补性资产可以分为三类：一般性资产、专用资产和互为专用性资产，其指出互补性资产，特别是专用资产和互为专用性资产的所有权直接决定了创新的成功者与失败者，促进创新的公共政

---

① 贾根良：《理解演化经济学》，《中国社会科学》，2004 年第 2 期。
② ［美］多西等：《技术进步与经济理论》，钟学义等译，经济科学出版社 1992 年版。

策不仅要关注 R&D，更为重要的是关注互补性资产，也就是基础设施的建设。在上述演化经济学的基础上，逐渐形成了两类创新体系：国家创新体系与产业（部门）创新体系。

依据弗里曼（1995）的说法，最早使用国家创新体系这种表示形式的学者为 Lundvall（1992），[①] 后来经过 Nelson 和 Rosenberg（1993）、弗里曼（1995，1997）等学者的研究逐渐成熟。不同学者关于国家创新体系的定义略有差异，但并无本质差别。Nelson 和 Rosenberg（1993）的定义是，机构的集合，它们的相互作用决定了国家企业的创新表现；Lundvall（1992）的理解是，在新的、经济上有用的知识的产生和扩散过程中相互作用的要素与关系，处于或根植于国家疆域之内；Edquist、Lundvall（1993）认为，国家创新体系是影响社会技术进步速度和方向的机构和经济构成。由此可见，国家创新体系是一个十分宽泛的框架，不仅包括产业和厂商，而且包括其他参与者和组织，特别是科技的参与者和组织，国家技术政策的作用也在其中。R&D 行为和大学、研究机构、政府机构以及政府政策的作用均被看作是国家创新体系中的组成部分（Carlsson 等，2002）。

在国家创新体系的基础上，结合自身研究，Furman、Porter、Stern（2001）发展了一个国家创新能力的概念，其定义为"国家产生与商业相关的创新流的能力，包含政治和经济的存在"。Porter 指出，国家创新能力的概念主要来源于三个理论：内生增长理论、国家产业竞争优势的集群理论以及国家创新体系。Furman、Porter、Stern（2001）又将国家创新能力的概念重写为"长期过程中，一个国家新技术流产生和商业化的能力，包含政治和经济的实体"，并将国家技术创新能力的构成归为三个方面：一般性的创新技术设施、产业集群展现出的特殊的创新环境以及前两者之间的连接。尽管 Porter 的国家创新能力来源于

---

① Freeman C., "The 'National System of Innovation' in Historical Perspective", *Cambridge Journal of Economics*, Vol.19, 1995, pp.5–24.

国家创新体系，但从研究的思路看，其更加强调产业集群的影响。相比较而言，更多的学者大多依据国家技术创新体系来研究国家创新能力，根据此思路，Faber 等（2004）将国家技术创新能力的构成分为与企业内部创新活动相关的因素和与创新基础设施相关的因素，每个因素又分为投入变量、转换或过程变量和产出变量，进而构成了国家技术创新能力评价框架；Radosevic（2004）将国家创新能力的要素概括为吸收能力、R&D 能力、扩散机制以及创新需求；Archibugi 等（2005）对 5 种流行的测量国家技术能力的指数进行了比较，结果发现这些指数的内容基本一致，大都包含创新和技术的产生、基础设施和技术扩散、人力资本和竞争等内容，只是在具体指标选择和方法上有所差异。

在国家创新体系的启发下，以部门（产业）为对象的创新体系研究随之出现。部门创新体系通常被限定在特定的技术（一般性的技术）或产品领域，它们被限定在某一生产部门（Johnston 等，2003），因此，也可以理解为是产业创新体系。部门创新体系是由 Malerba（2002）提出的，其定义包含两个集合：对应特定使用的新的或已建立的产品集合；在创造、生产和销售这些产品中进行市场或非市场相互作用的机构集合。Malerba（2002）将部门创新体系的基本要素分为产品，机构（厂商、非市场组织、金融机构、政府等），知识和学习过程，基本技术、投入、产出以及相关联系和互补，厂商内部和厂商外部的作用机制、竞争和选择过程、制度（标准、规制和劳动市场等）。与 Porter 关注产业集群不同，部门（产业）创新体系的基本思想是不同部门（产业）运行于不同技术之下，而这些技术的特点是由机会和可获得条件的特定结合、技术知识的培育程度、相关知识的特征所共同决定的（Carlsson 等，2002）。

部门（产业）创新体系提供了一个分析部门或产业技术创新过程的操作框架，利用该框架可以分析产业技术创新中制约因素。Mani（2006）利用该框架分析了印度医药产业技术创新，其将部门创新体系分为五个方面：政策和战略方向、知识产权领域、人力资源发展或科技人员的供给、技术产生部门和制造部门。此外，Marques 等（2006）分析了巴西航空产业的部门创新体系。部门创新体系分析强调相关主体之间的关联，静态与动态兼顾，与较为简单的产业技术创新能力研究（史清琪等，2000；吴友军，2004；陈宝明，2006）相比，部门（产业）创新体系分析更为全面。

与部门（产业）创新体系类似，Carlsson 等（1991）提出了技术体系的概念，该概念是指针对特定技术的创新体系，即在特定技术领域内，在特定制度基础下，为了产生、扩散和使用技术，组织之间相互作用的网络（Carlsson、Stankiewicz，1991）。每个国家都具有多个技术体系（这也是不同于国家创新体系之处），它们随时间进行进化，即参与者、机构以及他们之间的关系随时间不同而变化。此外，技术体系关注一般性技术在多个产业的一般性使用，这也是技术体系的特色之处。技术体系的构成包括市场与非市场相互作用的 3 个网络：购买者与供应者的关系、解决问题的网络以及非正式网络（Carlsson 等，2002）。

二、创新体系在节能技术创新领域的应用

作为技术创新的具体形式，节能技术创新能力研究是上述研究框架的具体应用。Sagar 等（2002）参照国家创新体系的研究思路提出了所谓的全球能源创新体系，并对此进行评估。其认为传统的能源创新能力研究主要集中于能源相关的研发（ER&D），能源相关的研发虽然是能源创新的基础，但仅仅是重要组成部分之一，以 ER&D 为对象的研究往往错过能源创新过程中许多重要方面。据此，文章提出了全球能源创新体系，即支撑能源技术发展、修正和扩散的各种机构与他们之间的关系，并从能源部门、能源相关的研发、消费者的需要等方面对能源创新能力进行了分析。

节能技术或能源技术涵盖较为广泛，其包含很多技术分支，而每

一分支又构成了一个技术体系，据此，有学者依据技术体系的理论对节能技术创新进行研究。Jacobsson 等（2004）参照技术体系的概念研究了可再生能源技术体系的演进，文章以德国、荷兰和瑞典为研究对象，首先研究了上述国家可再生能源技术体系 5 个功能（新知识的创造和扩散、资源供给、搜寻方向的引导、正外部经济的产生以及市场形成）的具体情况，找出促进和阻碍这些功能的因素，在此基础上，又从市场形成、厂商或其他组织的进入、制度变化和专门的技术推广联盟（Advocacy Coalitions）对可再生能源技术体系演化进行分析。文章对可再生资源技术的系统分析基础如图 7-1 所示，由其分析可知，文章从新技术产生和演化的角度，更加关注在可再生能源技术从市场形成到逐渐成熟过程中，各种阻碍因素及政府政策措施的调整。

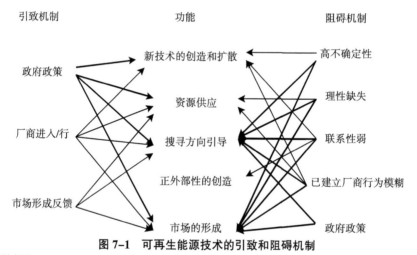

图 7-1 可再生能源技术的引致和阻碍机制

资料来源：Jacobsson, Bergek, "Transforming the Energy Sector: The Evolution of Technological Systems-The Evolution of Technological Systems", Proceedings of the 2003 Berlin Conference on the Human Dimensions of Global Environmental Change, 2004.

除上述研究之外，有学者同样应用上述思路专门针对节能技术创新的某一个环节构建体系。Dieperink、Brand 和 Vermeulen（2004）在综合相关研究（特别是热力泵、热点联产以及高效锅炉在荷兰扩散的研究）的基础上，构建了关于节能技术扩散的综合性框架。该框架包括两类因素，直接因素主要包括厂商的特征及决策过程和评估，间接

因素主要包括技术、厂商关联因素（政府、市场和社会）和宏观发展
3 个方面（见图 7-2）。文章中针对每一个因素提出了具体的影响方式
和内容，并认为该框架是未来研究和政策制定的基础。总体来看，该
框架更加强调企业微观决策的重要性。

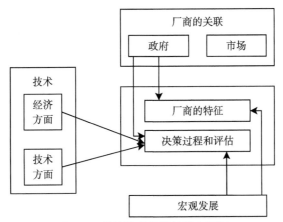

图 7-2 节能技术扩散的综合框架

注：进行了相应的简化。

资料来源：Dieperink, Brand, Vermeulen, "Diffusion of Energy-saving Innovations in Industry and the Built Environment: Dutch Studies as Inputs for a More Integrated Analytical Framework", *Energy Policy*, Vol. 32, 2004.

第二节 建立我国工业节能技术创新体系的
若干建议

工业节能技术创新体系既属于部门（产业）创新体系的范畴，又
具有技术体系的特点。比较而言，工业节能技术创新体系应更加接近
部门（产业）创新体系，这主要是因为节能技术的复杂性和多样性：
一方面，工业节能技术包含于工业各行业生产过程之中，而各行业生
产技术差异性直接决定了工业节能技术的多样性，很难归于同一技术
领域；另一方面，经过几十年的发展，工业节能技术已经呈现出现有

技术和新生技术交叠的局面，不同技术处于不同的发展阶段，在发展维度上很难统一。因此，作为加总考虑的工业节能技术创新体系，部门（产业）创新体系的框架更为合适。

目前，国内并未出现专门针对工业节能技术创新体系的研究，相关意见和建议大都分散于能源整体战略、具体技术或创新的某些环节之中。以两项比较权威的研究为例：《中国能源发展战略与政策研究》在能源战略政策、节能政策中均提到了技术创新相关建议，但相对系统的节能技术创新政策却主要集中于能源研发环节；《中国可持续发展总纲——中国能源与可持续发展》虽然对工业节能技术及保障措施进行较为详细的论述，但研究更多侧重于具体技术。综合来看，上述研究虽然取得了丰硕的成果，对我国节能技术发展具有重要意义，但就工业节能技术创新体系而言，尚缺乏具有针对性和系统性的研究。

工业节能技术创新的特性决定了其是需要多部门共同协作的复杂体系，从我国工业节能技术创新的发展现状看，尽管取得了不小的进步，但在诸多方面均存在突出的问题和差距，因此，创建相对完善的工业节能技术创新体系对我国具有重要现实意义。如前所述，工业节能技术创新体系更加接近部门（产业）技术创新体系，同时又兼具技术体系的特性。由上述两种创新体系的介绍可知，兼具其特征的工业节能技术创新体系涉及多个层面、主体和过程，但由于本书研究更多局限于宏观和中观层面的分析，更多的是讨论市场、政府对工业节能技术创新的影响，依据本书的分析很难给出完整的工业节能技术创新体系的框架，因此，本书仅从市场、政府、工业企业关系的角度，对我国工业节能技术创新体系的建设提供若干建议。此外，正如前文所言，现阶段工业节能技术创新主要由外力推动，所谓外力推动通常包括市场和政府两个主要方面。市场机制主要体现在价格和竞争机制的作用，但工业节能技术创新的双重外部性决定了其中存在较明显的市场失灵，而市场失灵问题的解决主要依靠政府行为解决，同时政府又是工业节能技术创新的主要直接推动力量之一。因此，现阶段政府在我国工业节能技术创新中具有主导作用，在很大程度上讲，工业节能技术创新体系建设要由政府发起和推动。综上所述，本书关于工业节能技术创新体系建设的若干建议主要集中于政府政策方面。

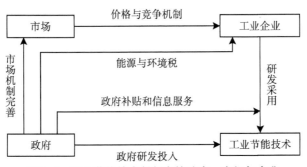

图 7-3 工业节能技术创新中的政府、市场与企业

图 7-3 描述了工业节能技术创新体系中政府、市场和工业企业之间的关系，由图可见，工业企业节能基础创新的外部影响主要包括两个方面：市场与政府。其中，市场通过价格和竞争机制发挥作用，而政府的作用可以通过两个路径：一是通过对市场的规范来激励企业节能技术创新的动力；二是直接对工业企业的节能技术创新进行干预，这主要是针对市场失灵的弥补。依照上述思路，结合前文关于我国工业节能技术创新的实证研究，本书认为针对工业节能技术创新，我国政府应加强以下几方面的工作：

第一，充分认识我国工业节能技术创新的迫切性。目前，我国工业节能技术创新处于非常关键的历史时期，这不仅是由世界范围的能源与环境问题日益严重决定的，而且更为重要的是我国工业正处于以高耗能行带动的第二次重工业化阶段。在大多数工业节能技术表现为资本体现性的情况下，如果我国现阶段不重视工业投资中节能新技术的应用，将给未来我国工业节能带来极大的负面影响，未来节能将花费巨大的成本和时间；反之，正是由于我国还未完成重工业化，存在避免发达国家出现的先污染后治理局面的机会，所谓"机不可失"。因此，现阶段我国各级政府必须提高对工业节能技术创新紧迫性的认识，将工业节能技术创新作为近期的中心工作，积极采取各种措施调动工业企业节能技术创新的积极性，大力推动工业节能技术创新的进程。

第二，进一步加快推进我国能源价格市场化改革。能源价格是节能技术创新的主要市场激励，尽管改革开放以来我国能源价格机制市场进程逐步加快，但如前文所述，仍存在诸多问题。因此，进一步完善我国能源价格机制仍是我国近期工业节能技术创新工作的重点之一。针对各种能源价格所存在的问题，具体工作包括如下内容：继续深化石油价格机制的市场化和国际化，完善加快国内价格与国际价格的联动机制，使得国内价格能够准确及时地反映国际供需状况，引导企业合理利用国际石油资源，同时，积极参与国际石油价格形成机制，充分传递国内石油供需状况信号，为企业合理利用石油资源提供准确的依据；加快完善煤炭价格机制，在推进煤炭供应产业全链条价格市场化，消除不合理的税费、降低交通运输成本等非煤因素的同时，进一步完善煤炭资源产权制度和资源补偿制度，使煤炭价格能够充分反映市场供需和资源状况；继续推进电力价格市场化改革，进一步放开政府对于电力价格的控制，合理确定政府指导价格的基准，同时积极完善煤电联动等相关政策，尽可能避免能源资源转换环节的价格扭曲。

第三，合理引导，积极培育适合节能技术创新的市场结构。市场结构是市场竞争激烈程度的重要指标，也是工业节能技术创新的重要影响因素。针对我国工业行业市场结构存在的突出问题，近期我国市场结构政策的重点包括两个方面：一是继续打破行政型垄断，特别是高耗能行业的行政型垄断，提高工业行业的竞争程度，同时尽快出台和完善市场规制政策，严格限制和惩罚企业之间串通、合谋等行为，维护公平合理的市场竞争环境；二是针对我国企业整体规模偏小的现状，积极支持中小型企业、民营企业的发展，合理引导企业之间的合并重组，在重点的高耗能行业和资源行业，提高企业规模，降低行业的相对集中度，增强企业节能技术创新的市场激励的同时，提高企业开展节能技术创新活动的能力。

第四，加快能源环境税体系的建立，强化能源环境税的约束力。能源使用的资源和环境的外部性是工业企业节能技术创新动力缺失的重要原因，能源环境税是相关市场失灵的重要补偿手段和工具。针对我国的具体情况，我国政府应尽快制定和完善能源与环境税制度，形成完备的资源税、能源税、排污税体系，在完善税收体系建设的同时，深入研究各种税收税率的标准，在充分考虑经济社会的承受能力的同时，合理确定相关税收税率，彻底改变我国能源环境税收体系不健全和税率偏低的问题。此外，要严格执法力度，充分维护国家法律法规的尊严，一视同仁，加大对于相关税收逃税现象的查处，使能源环境税真正对企业节能技术创新起到激励作用。同时，参照国际绿色税收体系的实践，积极尝试绿色税收体制的建立。

第五，进一步加大节能技术的研发投入，加快节能技术创新的相关补贴制度的完善。节能技术创新的高投入和正外部性是工业企业节能技术创新动力缺失的另一个重要原因。针对该问题，我国政府近期应加快以下政策的制定：加大工业节能技术研发的国家投入，重点研发外部性强的基础节能技术和重点行业的关键节能技术，特别是针对我国重工业化阶段的现实，加强重化工行业节能技术的基础研究，为企业提供节能技术创新的技术支持；进一步完善节能技术创新研发和采用的补贴和奖励政策，提高企业节能技术创新的收益，增强企业开展相关活动的积极性；设立和完善中小企业节能技术创新的支持政策，建立专门针对中小企业的节能技术创新基金，鼓励银行向中小企业提供相关的贷款，并设立相关机构为银行贷款提供评估和担保，降低贷款风险，切实有效地提升中小企业节能技术创新的能力。

第六，充分发挥各地节能技术服务中心的作用，积极构建节能技术创新信息平台。信息问题直接关系到节能技术的扩散速度和节能技术创新正外部性的发挥，提供节能技术创新信息服务已经成为世界各国政府的重要政策。就现状而言，我国政府在工业节能技术创新信息服务方面应加强以下工作：首先，进一步完善能源效率标识制度，扩大标识产品范围，尽快将工业资本品，特别是重化工业设备纳入能源效率标识制度的范畴，为企业选择节能技术更为先进的设备提供依据；其次，改革能源审计制度，改变过去只注重监督，而轻视信息服务的局面，设立专门的能源审计非营利机构，为企业提供节能评估、节能技术项目设计、节能信息服务等，降低企业节能技术创新的信息收集成本；最后，要充分发挥现有节能技术服务中心的作用，进一步规范行为，提高服务水平，将覆盖全国的节能技术服务中心打造成节能技术信息发布、节能技术推广、节能技术支持的新型节能技术创新信息平台。

第七，充分认识现阶段节能技术创新的迫切性，进一步规范地方政府的行为，提高工业投资中的节能技术效率。要充分认识和理解现阶段是我国摆脱高耗能技术锁定的关键时期，提高企业和地方政府节能技术创新的紧迫感和责任感。同时，加快推进工业投资领域的市场化进程，进一步明晰国有企业产权，推进现代企业制度的建立，增强企业自主经营的权力，确立企业在工业投资中的主导地位，使得能源价格信号和政府节能技术创新激励能够切实发挥作用，提升企业采用节能新技术和增加节能投资的积极性。此外，要建立合理的地方政府考核体系，明确政府的权限，规范地方政府的行为，从而真正理顺地方政府与辖区企业之间的关系，提高地方政府的服务意识和管理水平，引导地方政府增强对节能技术创新的关注度和投资力度。

参考文献

［1］Aalbers R., van der Heijden E., Potters J., van Soest D., Vollebergh H., "Technology Adoption Subsidies: An Economic Experiment with Students and Managers", http: //www.econ.ku.dk, 2006.

［2］Acs Z.J., Audrestsch D.B., "Innovation, Market Structure, and Firm Size", *The Review of Economics and Statistics*, Vol.LXIX, 1987.

［3］Adner R., Levinthal D., "Demand Heterogeneity and Technology Evolution: Implications for Product and Process Innovation", *Management Science*, Vol.47, No.5, 2001.

［4］Aigner D. J., Chu S. F., "On Estimating the Industry Production Function", *The American Economic Review*, Vol.58, No.4, 1968.

［5］Alpanda S., Peralta-Alva A., "Oil Crisis, Energy-Saving Technological Change and the Stock Market Crash of 1973–1974", http: //www.econpapers.repec.org, 2004.

［6］Anderson S.T., Newell R.G., "Information Programs for Technology Adoption: The Case of Energy-efficiency Audits", *Resource and Energy Economics*, Vol.26, 2004.

［7］Ang B.W., "Decomposition Methodology in Industrial Energy Demand Analysis", *Energy*, Vol.20, 1995.

［8］Ang B.W., Zhang F.Q, "A Survey of Index Decomposition Analysis in Energy and Environmental Studies", *Energy*, Vol.25, 2000.

［9］ Archibugi D., Coco A., "Measuring Technological Capabilities at the Country Level: A Survey and a Menu for Choice", *Research Policy*, Vol.34, 2005.

［10］ Arrow K.J., "Economic Welfare and the Allocation on Resources for Invention", in Nelson, R.R., *The Rate and Direction of Inventive Activity*, Princeton University Press, 1962.

［11］ Arthur B., "Increasing Returns and Path Dependence in the Economy", University of Michigan Press, 1994.

［12］ Athey S., Schmutzler A., "Product and Process Flexibility in an Innovative Environment", *Rand Journal of Economics*, Vol.26, 1995.

［13］ Atkeson A., Kehoe P.J., "Models of Energy Use: Putty-Putty versus Putty-Clay", *The American Economic Review*, Vol.89, No.4, 1999.

［14］ Bahn O., Haurie A., Zachary D.S., "Mathematical Modeling and Simulation Methods in Energy Systems", http: //www.gerad.ca, 2004.

［15］ Baldwin W.L., Childs G.L., "The Fast Second and Rivalry in Research and Development", *Southern Economic Journal*, Vol.36, No. 1, 1969.

［16］ Baranzini A., Goldemberg J., Speck S., "Survey: A Future for Carbon Taxes", *Ecological Economics*, Vol.32, 2000.

［17］ Baumol W.J., Oates W.E., "The Theory of Environmental Policy", Cambridge University Press, 1988.

［18］ Bentzen J., "Estimating the Rebound Effect in US Manufacturing Energy Consumption", *Energy Economics*, Vol.26, 2004.

［19］ Berntd E.R., Wood D.O., "Technology, Prices, and the Derived Demand for Energy", *The Review of Economics and Statistics*, Vol.57, No.3, 1975.

［20］ Bhoovaraghavan S., Vasudevan A., Chandran R., "Resolving the Process vs. Product Innovation Dilemma: A Consumer Choice Theoretic

Approach", *Management Science*, Vol.42, No.2, 1996.

[21] Blok K., "The Development of Industrial CHP in the Netherlands", *Energy Policy*, Vol.21, 1993.

[22] Böhringer C., Rutherford T.F., "Integrating Bottom-Up into Top-Down: A Mixed Complementarity Approach", Discussion Paper, http://www.ftp.zew.de, 2005.

[23] Boucekkine R., Pommeret A., "Energy Saving Technical Progress and Optimal Capital Stock: The Role of Embodiment", *Economic Modelling*, Vol.21, 2004.

[24] Boyd G.A., Pang J.X., "Estimating the Linkage between Energy Efficiency and Productivity", *Energy Policy*, Vol.28, 2000.

[25] BP Statistical Review of World Energy June 2005, http://www.bp.com.

[26] BP Statistical Review of World Energy June 2007, http://www.bp.com.

[27] Brookes L.G., "Energy Efficiency and Economic Fallacies: A Reply", *Energy Policy*, Vol.20, 1992.

[28] Brookes L.G., "Energy Efficiency Fallacies: The Debate Concluded", *Energy Policy*, Vol.21, 1993.

[29] Brookes L.G., "The Greenhouse Effect: Fallacies in the Energy Efficiency Solution", *Energy Policy*, Vol.3, 1990.

[30] Brown M.A., "Market Failures and Barriers as a Basis for Clean Energy Policies", *Energy Policy*, Vol.29, 2001.

[31] Carlsson B., Stankiewicz R., "On the Nature, Function and Composition of Technological Systems", *Journal of Evolutionary Economics*, Vol.1, 1995.

[32] Carlsson B., Jacobsson S., Holménb M., Rickne A., "Innovation Systems: Analytical and Methodological Issues", *Research Policy*,

Vol.31, 2002.

[33] Charnes A., Cooper W.W., Rhodes E., "Measuring the Efficiency of Decision-making Units", *European Journal of Operational Research*, Vol.2, 1978.

[34] Coelli T., Rao D.S.P., Battese G.E., "An Introduction to Efficiency and Productivity Analysis", Kluwer Academic Publishers, 1998.

[35] Cohen W.M., Levinthal D.A., "Absorptive Capacity: A New Perspective on Learning and Innovation", *Administrative Science Quarterly*, Vol.35, No.1, 1990.

[36] Cohen W.M., Levin R.C., "Empirical Studies of Innovation and Market Structure", *Handbook of Industrial Organization*, Elsevier Science Publisher, 1989.

[37] Dasgupta S., "Patents, Priority and Imitation or, the Economics of Races and Waiting Games", *The Economic Journal*, Vol.98, No. 389, 1988.

[38] De Mello L.R., "Vintage Capital Accumulation: Endogenous Growth Conditions", *Journal of Macroeconomics*, Vol.17, 1995.

[39] DeAlmeida E.L.F., "Energy Efficiency and the Limits of Market Forces: The Example of the Electric Motor Market in France", *Energy Policy*, Vol.26, 1998.

[40] DeCanio S.J., "Barriers within Firms to Energy-efficient Investments", *Energy Policy*, Vol. 21, 1993.

[41] DeCanio S.J., "The Efficiency Paradox: Bureaucratic and Organizational Barriers to Profitable Energy-saving Investments", *Energy Policy*, Vol.26, No.5, 1998.

[42] DeGroot H.L.F., Verhoef E.T., Nijkamp P., "Energy Saving by Firms: Decision-making, Barriers and Policies", *Energy Economics*, Vol.23, 2001.

[43] Dieperink C., Brand I., Vermeulen W., "Diffusion of Energy-saving Innovations in Industry and the Built Environment: Dutch Studies as Inputs for a more Integrated Analytical Framework", *Energy Policy*, Vol.32, 2004.

[44] Dosi G., Orsenigo L., Labini M.S., "Technology and the Economy", LEM Working Paper, http://www.lem.sssup.it, 2002.

[45] Eicher T., Kim S.C., "Market Structure and Innovation Revisited: Endogenous Productivity, Training and Market Shares", http://www.faculty.washington.edu, 1999.

[46] Faber J., Hesen A.B., "Innovation Capabilities of European nations Cross-national Analyses of Patents and Sales of Product Innovations", *Research Policy*, Vol.33, 2004.

[47] Färe R., Grosskopf S., Norris M., Zhang Z.Y., "Productivity Growth, Technical Progress, and Efficiency Change in Industrialized Countries", *The American Economic Review*, Vol.84, No.1, 1994.

[48] Farrell M. J., "The Measurement of Productive Efficiency", *Journal of the Royal Statistical Society*, Series A (General), Vol.120, No.3, 1957.

[49] Fisher-Vanden K., Jefferson G. H., Liu H.M., Tao Q., "What is Driving China's Decline in Energy Intensity?" *Resource and Energy Economics*, Vol.26, 2004.

[50] Fisher-Vanden K., Jefferson G.H., Ma Jingkui, Xu Jianyi, "Technology Development and Energy Productivity in China", *Energy Economics*, Vol.28, 2006.

[51] Foster L., Haltiwanger J., Krizan C.J., "Aggregate Productivity Growth: Lessons from Microeconomic Evidence", NBER, 1998.

[52] Freeman C., "The 'National System of Innovation' in Historical Perspective", *Cambridge Journal of Economics*, Vol.19, 1995.

[53] Fritsch M., Mechsede M., "Product Innovation, Process Innovation and Size", *Review of Industrial Organization*, Vol.19, 2001.

[54] Furman G.L., Porter M.E., Stern S., "The Determinants of National Innovative Capacity", http://www.mbs.unimelb.edu.au, 2001.

[55] Garbaccio R.F., Ho M.S., Jorgenson D.W., "Why Has the Energy-Output Ratio Fallen in China?" *Energy Journal*, Vol.20, No.3, 1999.

[56] Garcia R., Calantone R., "A Critical Look at Technological Innovation Typology and Innovativeness Terminology: A Literature Review", *The Journal of Product Innovation Management*, Vol.19, 2002.

[57] Geroski P.A., "Models of Technology Diffusion", *Research Policy*, Vol.29, 2000.

[58] Gilchrist S., Williams J.C., "Putty-Clay and Investment: A Business Cycle Analysis", *The Journal of Political Economy*, Vol.108, No.5, 2000.

[59] Golove W. H., Eto J. H., "Market Barriers to Energy Efficiency: A Critical Reappraisal of the Rationale for Public Policies to Promote Energy Efficiency", http://www.eetd.lbl.gov, 1996.

[60] Greening L. A., Davis W.B., Schipper L., Khrushch M., "Comparison of Six Decomposition Methods: Application to Aggregate Energy Intensity for Manufacturing in 10 OECD Countries", *Energy Economics*, Vol.19, 1997.

[61] Greening L.A., Greene D.L., Difiglio C., "Energy Efficiency and Consumption—the Rebound Effect—a Survey", *Energy Policy*, Vol.28, 2000.

[62] Greenstein S., Ramey S., "Market Structure, Innovation and Vertical Product Differentiation", *International Journal of Industrial Organization*, Vol.16, 1998.

［63］ Griffin J.M., Gregory P.R., "An Intercountry Translog Model of Energy Substitution Responses", *The American Economic Review*, Vol. 66, No.5, 1976.

［64］ Grubb M.J., Chapuis T., Duong M.H., "The Economics of Changing Course: Implications of Adaptability and Inertia for Optimal Climate Policy", *Energy Policy*, Vol.23, 1995.

［65］ Hamberg D., "R&D: Essays on the Economics of Research and Development", *Random House*, 1966.

［66］ Hassett K., Metcalf G., "Energy Conservation Investment: Do Consumers Discount the Future Correctly", *Energy Policy*, Vol.21, No. 6, 1993.

［67］ Horowitz I., "Firm Size and Research Activity", *Southern Economic Journal*, Vol.28, 1962.

［68］ Hotelling H., "The Economics of Exhaustible Resource", *Journal of Political Economy*, Vol.39, 1931.

［69］ Howarth R.B., "Energy Efficiency and Economic Growth", *Journalof Contemporary Econmic Problems*, Vol.15, 1997.

［70］ Hu B., "An Analysis of Energy Intensity in China", http: // www.mssanz.org.au, 2005.

［71］ Hu J.L., Wang S.C., "Toal-factor Energy Efficiency of Regions in China", *Energy Policy*, Vol.34, 2006.

［72］ IEA, "Energy Policies of IEA Countries—2005 Review", http:// www.iea.org.

［73］ Jacobsson S., Bergek A., "Transforming the Energy Sector: The Evolution of Technological Systems The Evolution of Technological Systems", Proceedings of the 2003 Berlin Conference on the Human Dimensions of Global Environmental Change, 2004.

［74］ Jaffe A.B., Stavins R.N., "The Energy Paradox and the Diffusion of Conservation Technology", *Resource and Energy Economics*, Vol. 16, 1994.

[75] Jaffe A.B., Newell R.G., Stavins R.N., "A Tale of Two Market Failures: Technology and Environmental Policy", *Ecological Economics*, Vol.54, 2005.

[76] Johnson B., Edquist C., Lundvall B., "Economic Development and the National System of Innovation Approach", http: //www.sinal.re-desist.ie.ufrj.br, 2003.

[77] Kambara Tatsu, "The Energy Situation in China", *The China Quarterly*, No.131, 1992.

[78] Kamien M.I., Schwartz N.L., "Market Structure and Innovation", Cambridge University Press, 1982.

[79] Khazzoom J.D., "Economic Implications of Mandated Efficiency Standards for Household Appliances", *Energy Journal*, Vol.1, No. 4, 1980.

[80] Khazzoom J.D., "Energy Savings from More Efficient Appliances: A Rejoinder", *Energy Journal*, Vol.10, No.1, 1989.

[81] Khazzoom J.D., "Response to Besen and Johnson's Comment on Economic Implications of Mandated Efficiency Standards for Household Appliances", *Energy Journal*, Vol.3, No.1, 1982.

[82] Koopmans C.C., Velde D.W., "Bridging the Energy Efficiency Gap: Using Bottom−up Information in a Top−down Energy Demand Model", *Energy Economics*, Vol.23, 2001.

[83] Kounetas K., Tsekouras K., "The Energy Efficiency Paradox Revisited Through a Partial Observability Approach", *Energy Economics*, http: //www.elsevier.com, 2007.

[84] Kulakowski S.L., "Large Organizations' Investments in Energy-Efficient Building Retrofits", http: //enduse.lbl.gov, 1999.

［85］ Kuper G.H., van Soest D.P., "Asymmetric Adaptations to Energy Price Changes", http: //ccso.eldoc.ub.rug.nl, 1999.

［86］ Leibenstein H., "Allocative Efficiency vs. 'X-Efficiency'", *The American Economic Review*, Vol.56, 1966.

［87］ Levine M.D., Hirst E., Koomey J.G., McMahon J. E., Sanstad A. H., "Energy Efficiency, Market Failures, and Government Policy", http: //www.osti.gov, 1994.

［88］ Lin X., Polenske K.R., "Input-Output Anatomy of China's Energy Use Changes in the 1980s", *Energy Systems Research*, Vol.7, No.1, 1995.

［89］ Link A.N., Siegel D.S., "Technological Change and Economic Performance", *Routledge*, 2003.

［90］ Linn J., "Energy Prices and the Adoption of Energy-Saving Technology", Working Paper, http: //www.tisiphone.mit.edu, 2006.

［91］ Liu C.C., "A Study on Decomposition of Industry Energy Comsumption", *International Research Journal of Finance and Economics*, Vol.6, 2006.

［92］ Löschel A., "Technological Change in Economic Models of Environmental Policy: A Survey", http: //www.papers.ssrn.com, 2002.

［93］ Lutz C., Meyer B., Nathani C., Schleich J., "Endogenous Technological Change and Emissions: The Case of the German Steel Industry", *Energy Policy*, Vol.33, 2005.

［94］ Lutzenhiser L., Biggart N. W., "Market Structure and Energy Efficiency: The Case of New Commercial. Buildings", A Report to the California Institute for Energy Efficiency, 2003.

［95］ Malerba F., "Sectoral Systems of Innovation and Production", *Research Policy*, Vol.31, 2002.

［96］ Mani S., "The Sectoral Systems of Innovation of the Indian

Pharmaceutical", http: //www.cds.edu, 2006.

[97] Mansfield E., "Technical Change and the Rate of Imitation", *Econometrica*, Vol.29, No.4, 1961.

[98] Mansfield E., "Industrial Research and Technological Innovation−An Econometric Analysis", *Norton*, 1968.

[99] Mansfield E., Schwartz M., Wagner S., "Imitation Costs and Patents: An Empirical Study", *The Economic Journal*, Vol.91, No. 364, 1981.

[100] Marques R.A., De Oliveira L.G., "Sectoral System of Innovation in Brazil: Reflections about Linkages and the Accumulation of Technological Capabilities Experienced by SME Suppliers to the Aeronautic Industry", http: //www.globelicsindia2006.org, 2006.

[101] McGuckin R.H., Nguyen S.V., "On Productivity and Plant Ownership Change: Evidence from the Longitudinal Research Database", *Rand Journal of Economics*, Vol.26, 1995.

[102] Meier A.K., Whittier J., "Consumer Discount Rates Implied by Purchases of Energy−Efficient Refrigerators", *Energy*, Vol.8, No.12, 1983.

[103] Metcalf G.E, "Economics and Rational Conservation Policy", *Energy Policy*, Vol.22, No.10, 1994.

[104] Mueller D.C., "The Firm's Decision Process: An Econometric Investigation", *Quarterly Journal of Economics*, Vol.81, 1967.

[105] Mulder P., De Groot H. L.F., Hofkes M.W., "Explaining Slow Diffusion of Energy−saving Technologies: A Vintage Model with Returns to Diversity and Learning−by−using", *Resource and Energy Economics*, Vol.25, 2003.

[106] Mulder P., "The economics of Technology Diffusion and Energy Efficiency", *Edward Eglar*, 2005.

[107] Mulder P., Reschke C.H., Kemp R., "Evolutionary Theo-

rising on Technological Change and Sustainable Development", *European Meeting on Applied Evolutionary Economics*, June 1999.

[108] Müller T., "Integrating Bottom−up and Top−down Models for Energy Policy Analysis: A Dynamic Framework", http: //www.unige.ch, 2000.

[109] Nelson R.R., "National Systems of Innovation. AComparative Analysis", Oxford University Press, 1993.

[110] Nelson R.R., Winter S.G., "An Evolutionary Theory of Economic Change", The Belknap Press of Harvard University, 1982.

[111] Newell R.G., Jaffe A.B., Stavins R.N., "The Induced Innovation Hypothesis and Energy −Saving Technological Change", *The Quarterly Journal of Economics*, Vol.114, No.3, 1999.

[112] Nichols A., "Demand−Side Management. Overcoming Market Barriers or Obscuring Real Costs?", *Energy Policy*, Vol.22, No.10, 1994.

[113] Pearce D., "The Role of Carbon Taxes in Adjusting to Global Warming", *The Economic Journal*, Vol.101, 1991.

[114] Perkins R., "Technological 'Lock−in'", http: //www.ecoeco. org, 2003.

[115] Pindyck R.S., "Interfuel Substitution and the Industrial Demand for Energy: An International Comparison", *The Review of Economics and Statistics*, Vol.61, No.2, 1979.

[116] Pindyck R.S., Rotemberg J.J., "Dynamic Factor Demands and the Effects of Energy Price Shocks", *The American Economic Review*, Vol.73, No.5, 1983.

[117] Pizer W. A., Harrington W., Kopp R.J., Morgenstern R.D., Shih J.S., "Technology Adoption and Aggregate Energy Efficiency", *Resources for the Future*, 2002.

[118] Popp D., "Induced Innovation and Energy Prices", Working

Paper, http: //www2.ku.edu, 1998.

［119］ Popp D., "Induced Innovation and Energy Prices" *The American Economic Review*, Vol.92, No.1, 2002.

［120］ Price L., Galitsky C., Sinton J., Worrell E., Gruas W., "Tax and Fiscal Policies for Promotion of Industrial Energy Efficiency: A Survey of International Experience", http: //www.osti.gov, 2005.

［121］ Radosevic S., "A Two-tier or Multi-tier Europe? Assessing the Innovation Capacities of Central and East European Countries in the enlarged EU", *Journal of Common Market Studies*, Vol.42, 2004.

［122］ Rawshi T.G., "What is Happening to China's GDP Statistics?" *China Economic Review*, Vol.12, 2001.

［123］ Reddy A.K.N., "Barriers to Improvements in Energy Efficiency", http: //www.amulya-reddy.org, 1990.

［124］ Rothwell R., Zegveld W., "Innovation and the Small and Medium-sized Firm", *Pinter*, 1982.

［125］ Ruderman H., Levine M.D., McMahon J.E., "The Behavior of the Market for Energy Efficiency in Residential Appliances Including Heating and Cooling Equipment", *The Energy Journal*, Vol.8, No.1, 1987.

［126］ Sagar A.D., Holdern J.P., "Assessing the Global Energy Innovation System: Some Key Issues", *Energy Policy*, Vol.30, 2002.

［127］ Schipper L., Grubb M., "On the rebound? Feedback between Energy Intensities and Energy uses in IEA Countries", *Energy Policy*, Vol.28, 2000.

［128］ Schwardzman D., "Innovation in Pharmaceutical Industry", Johns Hopkins University Press, 1976.

［129］ Shama A., "Energy Conservation in US Buildings: Solving the High Potential/low Adoption Paradox from a Behavioural Perspective",

Energy Policy, Vol.11, No.2, 1983.

[130] Shi X.Y., Polenske K.R., "Energy Prices and Energy Intensity in China: A Structural Decomposition Analysis and Econometrics Study", http://www.edirc.repec.org, 2005.

[131] Shimshoni D., "The Mobile Scientist in the American Instrument Industry", *Minerva*, Vol. 8, 1970.

[132] Sinton J.E., "Accuracy and Reliability of China's Energy Statistics", *China Economic Review*, Vol.12, 2001.

[133] Sinton J.E., Fridley D.G., "What Goes Up: Recent Trends in China's Energy Consumption", *Energy Policy*, Vol.28, 2000.

[134] Smil V., "China's Energy", Report Prepared for the US Congress, 1990.

[135] Smyth D.J., Samuels J.M., Tzoannos J., "Patents, Profitability, Liquidity and Firm Size", *Appiled Economics*, Vol.4, 1972.

[136] Soete L.L.G., "Firm Size and Inventive Activity: The Evidence Reconsidered", *European Economic Review*, Vol.12, 1979.

[137] Steil B., Victor D.G., Nelson R. R., "Technological Innovation and Economic Performance", Princeton University Press, 2002.

[138] Stigler G.J., "Trends in Output and Employment", NBER, 1947.

[139] Stoneman P., Diederen P., "Technology Diffusion and Public Policy", *The Economic Journal*, Vol. 104, No.425, 1994.

[140] Sun J.W., "Accounting for Energy Use in China, 1980–1994", *Energy*, Vol. 23, No. 10, 1998.

[141] Sutton J., "Technology and Market Structure: Theory and History", The MIT Press, 1998.

[142] Teece D.J., "Profiting from Technological Innovation: Implications for Integration, Collaboration, Licensing and Public Policy", *Re-*

search Policy, Vol.15, 1986.

[143] The Allen Consulting Group, "The Energy Efficiency Gap: Market Failures and Policy Options", http://www.aepca.asn.au, 2004.

[144] Thompson P., Taylor T.G., "The Capital-Energy Substitutability Debate: A New Look", *The Review of Economics and Statistics*, Vol. 77, No.3, 1995.

[145] Unruh G.C., "Understanding Carbon Lock-in", *Energy Policy*, Vol.28, 2000.

[146] Utterback J.M., "Innovation in Industry and the Diffusion of Technology", *Science*, Vol.183, 1974.

[147] Utterback J.M., Abernathy W.J., "A Dynamic Model of Product and Process Innovation", *Omega*, Vol.3, No.6, 1975.

[148] Utterback J.M., "Mastreing the Dynamics of Innovation", Harvard Business School Press, 1996.

[149] Van Soest D.P., "The Impact of Environmental Policy Instruments on the Timing of Adoption of Energy-saving Technologies", *Resource and Energy Economic*, Vol.27, 2005.

[150] Van Zon A., Lontzek T., "A 'Putty-Practically-Clay' Vintage Model with R&D Driven Biases in Energy-saving Technical Change", http://www.inomics.com, 2005.

[151] Verhoef E.T., Nijkamp P., "The Adoption of Energy-efficiency Enhancing Technologies. Market Performance and Policy Strategies in Case of Heterogeneous Firms", *Economic Modelling*, Vol.20, 2003.

[152] Weyant J.P., "Introduction and overview", *Energy Economic*, Vol.26, 2004.

[153] Worrell E., et al., "Emerging Energy-Efficient Technologies for Industry", http://www.osti.gov, 2004.

[154] Worrell E., Price L., "Barriers and Opportunities: A Review

of Selected Successful Energy-Efficiency Programs", 23rd National Industrial Energy Technology Conference, 2001.

[155] Zhang Z.X., "Why has the Energy Intensity fallen in China's Industrial Sector in the 1990s", http://www.ssrn.com, 2001.

[156] Zhang Z.X., Baranzini A., "What do we Know about Carbon Taxes? An Inquiry into Their Impacts on Competitiveness and Distribution of Income", *Energy Policy*, Vol.32, 2004.

[157] Zhou P., Ang B.W., LPoh K., "Decision Analysis in Energy and Environmental Modeling: An Update", *Energy*, Vol.31, 2006.

[158] [美] 保罗·罗伯茨：《石油的终结：濒临危机的新世界》，吴文忠译，中信出版社 2005 年版。

[159] [美] 多恩布什、费希尔：《宏观经济学》，李庆云等译，中国人民大学出版社 1997 年版。

[160] [美] 多西等：《技术进步与经济理论》，钟学义等译，经济科学出版社 1992 年版。

[161] [英] 弗里曼等：《工业创新经济学》，华宏勋等译，北京大学出版社 2004 年版。

[162] [美] 罗伯特·M.索洛等：《经济增长因素分析》，史清琪等译，商务印书馆 1991 年版。

[163] [英] 约翰·伊特韦尔等：《新帕尔格雷夫经济学大辞典》，陈岱孙等译，经济科学出版社 1996 年版。

[164] [美] 约瑟夫·熊彼特：《经济发展理论——对于利润、资本、信贷、利息和经济周期的考察》，何畏等译，商务印书馆 2000 年版。

[165] [美] 约瑟夫·熊彼特：《资本主义、社会主义与民主》，吴良健译，商务印书馆 1999 年版。

[166] [英] 詹姆斯·莫里斯：《詹姆斯·莫里斯论文集——非对称信息下的激励理论》，张维迎译，商务印书馆 1997 年版。

[167] 《中国能源发展报告 2007》，中国水利水电出版社 2007 年版。

[168] 曹建海：《我国重复建设的形成机理及政策措施》，《中国工业经济》，2002 年第 4 期。

[169] 陈宝明：《我国产业技术创新能力评价指标体系研究》，《科技和产业》，2006 年第 11 期。

[170] 陈洪安、江若尘、陈鸿春：《煤炭价格改革的回顾与前瞻》，《武汉水利电力大学学报》，2000 年第 1 期。

[171] 陈乐一、傅绍文：《中国投资波动实证研究》，《东北财经大学学报》，2002 年第 1 期。

[172] 陈明敏：《国际石油定价权机制研究》，中国期刊网，2006 年。

[173] 陈勇等：《中国可持续发展总纲：中国能源与可持续发展》，科学出版社 2007 年版。

[174] 陈昀、赵旭：《我国实行绿色税收改革的探讨》，《中国第三产业》，2004 年第 9 期。

[175] 迟浩等：《中国与世界一些国家成品油价格之比较》，《中国经济时报》，2007 年 1 月 12 日。

[176] 崔晓静：《欧盟能源税指令评述》，《涉外税务》，2006 年第 12 期。

[177] 戴平生：《我国电力市场形成价格机制研究》，中国期刊网，2004 年。

[178] 符礼建、曹玉华：《论市场结构与企业技术创新》，《软科学》，2000 年第 3 期。

[179] 傅家骥等：《技术创新学》，清华大学出版社 1998 年版。

[180] 葛松林：《快速发展的中国汽车工业》，http：//www.met al.citic.com，2006 年。

[181] 管清友：《国际油价波动的周期模型及其政策含义》，《国际石油经济》，2008 年第 1 期。

[182] 郭克莎：《新一轮重工业化的特点与趋势》，《经济日报》，

2005 年 1 月 10 日。

[183] 郭克莎：《中国制造业发展趋势与沿海地区制造业发展战略》，《脑库快参》，2004 年第 23 期。

[184] 郭克莎等：《走向世界的中国制造业：中国制造业发展与世界制造业中心问题研究》，经济管理出版社 2007 年版。

[185] 韩智勇、魏一鸣、范英：《中国能源强度与经济结构变化特征研究》，《数理统计与管理》，2004 年第 23 卷第 1 期。

[186] 杭雷鸣、屠梅曾：《能源价格对能源强度的影响——以国内制造业为例》，《数量经济技术经济研究》，2006 年第 12 期。

[187] 何晓星：《论中国地方政府主导型市场经济》，《社会科学研究》，2003 年第 5 期。

[188] 何晓星：《再论中国地方政府主导型市场经济》，《中国工业经济》，2005 年第 1 期。

[189] 宏观经济研究院能源所课题组：《淘汰高耗能落后产能的着力点》，《宏观经济管理》，2007 年第 7 期。

[190] 胡向真、陈志华：《电力工业发展模式研究》，中国水利水电出版社 2005 年版。

[191] 黄英娜、郭振仁、张天柱、王学军：《应用 CGE 模型量化分析中国实施能源环境税政策的可行性》，《城市环境与城市生态》，2005 年第 4 期。

[192] 贾根良：《理解演化经济学》，《中国社会科学》，2004 年第 2 期。

[193] 简新华、余江：《反驳对中国重新重工业化的观点——与吴敬琏、林毅夫教授商榷》，《经济学消息报》，2005 年 3 月 18 日。

[194] 简新华、余江：《重新重工业化与振兴老工业基地》，《财经问题研究》，2004 年第 9 期。

[195] 蒋金荷：《提高能源效率与经济结构调整的策略分析》，《数量经济技术经济研究》，2004 年第 9 期。

[196] 金碚：《新编工业经济学》，经济管理出版社 2005 年版。

[197] 柯武刚、史漫飞等：《制度经济学：社会秩序与公共政策》，韩朝华译，商务印书馆 2004 年版。

[198] 李虹：《中国电价改革研究》，《财贸经济》，2005 年第 3 期。

[199] 李廉水、周勇：《技术进步能提高能源效率吗？——基于中国工业部门的实证研究》，《工业经济》，2007 年第 1 期。

[200] 李少民、吴韧强：《我国石油定价机制探讨》，《价格月刊》，2007 年第 1 期。

[201] 李新颜、王嘉、高丽亚：《国内原油价格与国际原油价格的相互关系》，《统计与决策》，2005 年 10 月（下）。

[202] 李佐军：《"重工业化"是工业化中后期的一般规律》，《经济参考报》，2004 年 10 月 20 日。

[203] 厉以宁：《重型化是中国经济发展的必经阶段》，《经济日报》，2004 年 12 月 27 日。

[204] 梁丹、吕永龙、史雅娟、任鸿昌：《技术扩散研究进展》，《科学研究》，2005 年第 4 期。

[205] 梁永乐：《我国石油价格机制的改革及建议》，《改革与战略》，2006 年第 10 期。

[206] 林伯强：《中国能源问题与能源政策选择》，煤炭工业出版社 2007 年版。

[207] 林毅夫：《目前的重工业热不符合中国国情》，《经济参考报》，2004 年 12 月 23 日。

[208] 刘砺平、冯丽：《少数人发财，多数人遭殃——煤价高位缺失安全成本》，《经济参考报》，2005 年 11 月 29 日。

[209] 刘世锦等：《中国石油天然气行业市场化改革探讨》，《中国石油企业》，2003 年第 12 期。

[210] 刘树成、张晓晶、张平：《实现经济周期波动在适度高位平滑》，《经济研究》，2005 年第 11 期。

[211] 刘显法、吕文斌：《借鉴国外经验，加快建立我国适应市场经济要求的节能新机制》，《中国能源》，2002 年第 7 期与第 8 期。

[212] 刘志平、周伏秋、熊华文：《中小工业企业节能促进政策》，《中国能源》，2004 年第 11 期。

[213] 柳卸林：《技术创新经济学》，中国经济出版社 1993 年版。

[214] 路正南：《产业结构调整对我国能源消费影响的实证分析》，《数量经济技术经济研究》，1999 年第 12 期。

[215] 吕政：《论工业的适度快速增长》，《中国工业经济》，2004 年第 2 期。

[216] 马驰、高昌林、施涵：《中国能源领域的 R&D 经费投入》，《能源研究与利用》，2003 年第 3 期。

[217] 马传景：《关于解决重复建设问题的深层思考》，《求是》，2003 年第 10 期。

[218] 马凯：《积极妥善地推进资源性产品价格改革》，《求是》，2005 年第 24 期。

[219] 马文秀：《日本政府在节能方面的导向作用》，《经济论坛》，2004 年第 12 期。

[220] 齐志新、陈文颖：《结构调整还是技术进步？——改革开放后我国能源效率提高的因素分析》，《上海经济研究》，2006 年第 6 期。

[221] 秦宇：《中国工业技术创新经济分析》，科学出版社 2006 年版。

[222] 任康民：《市场结构与企业技术创新》，《经济师》，2004 年第 12 期。

[223] 单尚华、王小明：《淘汰落后产能是钢铁行业的当务之急》，《冶金经济与管理》，2006 年第 2 期。

[224] 盛锁、杨建君、刘刃：《市场结构与理论创新研究综述》，《科学学与科学技术管理》，2006 年第 4 期。

[225] 史丹：《结构是影响我国能源消费的主要因素》，《中国工业

经济》, 1999 年第 11 期。

[226] 史丹：《我国经济增长过程中能源效率的改进》,《经济研究》, 2002 年第 9 期。

[227] 史丹等：《中国能源工业市场化改革研究报告》, 经济管理出版社 2006 年版。

[228] 史丹、吴利学、傅晓霞、吴滨：《中国能源效率地区差异及其成因研究——基于随即前沿生产函数的方差分解》,《管理世界》, 2008 年第 2 期。

[229] 史清琪等：《中国产业技术创新能力研究》, 中国轻工业出版社 2000 年版。

[230] 史毅：《市场结构和企业规模对企业技术创新战略选择的影响》,《石家庄经济学院学报》, 2001 年第 4 期。

[231] 世界银行东亚和太平洋地区基础设施局、国务院发展研究中心产业经济研究部：《机不可失：中国能源可持续发展》, 中国发展出版社 2007 年版。

[232] 孙平、王吉忠、形明康：《山东造纸行业能耗状况和对节能降耗的几点看法》,《中华纸业》, 2007 年第 10 期。

[233] 王承敏：《水泥工业的节能与环保》,《建材工业信息》, 1999 年第 4 期。

[234] 王健：《OECD 国家环境税及其对我国的启示》,《中国资源综合利用》, 2004 年第 5 期。

[235] 王金南等：《中国排污收费标准体系的改革设计》,《环境科学研究》, 1998 年第 5 期。

[236] 王景泰、张媛媛、迟京东：《我国钢铁工业节能降耗现状分析》,《中国钢铁业》, 2007 年第 31 期。

[237] 王庆一、肖汀：《能源效率：市场缺陷与政府职能（一）》,《中国能源》, 2001 年第 12 期。

[238] 王庆一：《中国的能源效率及国际比较》,《节能与环保》, 2003

年第 8 期。

[239] 王三兴：《我国电力价格形成机制及其探讨》，《价格理论与实践》，2006 年第 3 期。

[240] 王伟光、唐晓华：《技术创新能力测度方法综述》，《中国科技论坛》，2003 年第 4 期。

[241] 王玉潜：《能源消耗强度变动的因素分析方法及其应用》，《数量经济技术经济研究》，2003 年第 8 期。

[242] 魏楚、沈满洪：《能源效率及其影响因素——基于 DEA 的实证分析》，《管理世界》，2007 年第 8 期。

[243] 魏后凯：《市场竞争、经济绩效与产业集中——对改革开放以来中国制造业集中的实证研究》，中国期刊网，2001 年。

[244] 魏建新：《提高我国的钢铁产业集中度》，《经济管理》，2007 年第 3 期。

[245] 魏一鸣等：《中国能源报告（2006）：战略与政策研究》，科学出版社 2006 年版。

[246] 吴滨、李为人：《中国能源强度变化因素的争论与剖析》，《中国社会科学院研究生院学报》，2007 年第 2 期。

[247] 吴滨、朱孝忠：《石油行业产业集中度与技术创新战略》，《中外企业文化》，2007 年第 7 期。

[248] 吴福象、周绍东：《企业创新行为与产业集中度的相关性——基于中国工业企业的实证研究》，《财经问题研究》，2006 年第 12 期。

[249] 吴敬琏：《注重经济增长方式转变，谨防结构调整中出现片面追求重型化的倾向》，国研网，2004 年 11 月 16 日。

[250] 吴林源、曹博：《投资项目低水平重复建设的成因及治理对策》，《郑州航空工业管理学院学报》，2004 年第 12 期。

[251] 吴巧生等：《中国工业化中的能源消耗强度变动及因素分析——基于分解模型的实证分析》，《财经研究》，2006 年第 6 期。

[252] 吴友军：《产业技术能力评价指标体系研究》，《商业研究》，2004 年第 11 期。

[253] 武亚军：《绿化中国税制若干理论与实证问题探讨》，《经济科学》，2005 年第 1 期。

[254] 徐康宁、韩剑：《中国钢铁产业的集中度，布局与结构优化研究——兼评 2005 年钢铁产业发展政策》，《中国工业经济》，2006 年第 2 期。

[255] 杨洁：《市场缺位下的能源价格扭曲》，《时代经贸》，2007 年第 4 期。

[256] 杨柳、李力：《能源价格变动对经济增长与通货膨胀的影响——基于我国 1996~2005 年间的数据分析》，《中南财经政法大学学报》，2006 年第 4 期。

[257] 殷剑峰：《中国经济周期研究：1954~2004》，《管理世界》，2006 年第 3 期。

[258] 张丙申、钟庆才：《广东中小企业问卷调查分析与思考》，《南方经济》，2000 年第 8 期。

[259] 张小蒂：《美国创业投资业成功运作的主要因素及启示》，《金融研究》，1999 年第 9 期。

[260] 张云：《非再生资源开采中价值补偿的研究》，中国发展出版社 2007 年版。

[261] 张志仁：《环境税与排污权交易的对比与我国的实践应用的探讨》，《环境保护》，2004 年第 2 期。

[262] 张志仁：《中国能源税制改革的趋势分析》，《环境保护》，2004 年第 4 期。

[263] 张宗成、周猛：《中国经济增长与能源消费的异常关系分析》，《上海经济研究》，2004 年第 4 期。

[264] 赵令彬：《中国不应躲避经济重型化》，《大公报》，2005 年 1 月 3 日。

[265] 赵艳萍、何勤、贡文伟：《江苏中小制造企业现状调查与分析》，《江苏大学学报》，2003 年第 1 期。

[266] 赵玉林、朱晓海：《市场结构对企业技术创新的影响分析——基于可竞争市场理论的视角》，《武汉理工大学学报》，2006 年第 4 期。

[267] 赵玉林：《创新经济学》，中国经济出版社 2006 年版。

[268] 中国钢铁工业协会科技环保部：《中国钢铁工业能耗现状与节能前景》，《冶金管理》，2004 年第 9 期。

[269] 中国环境与发展国际合作委员会：《中国资源自然定价研究》，中国环境科学出版社 1997 年版。

[270] 中国科学院：《中国能源可持续发展战略专题研究》，科学出版社 2006 年版。

[271] 中国能源发展战略与政策研究课题组：《中国能源发展战略与政策研究》，经济科学出版社 2004 年版。

[272] 周鸿、林凌：《中国工业能耗变动因素分析：1993~2002》，《产业经济研究》，2005 年第 5 期。

[273] 周黎安：《晋升博弈中政府官员的激励与合作——兼论我国地方保护主义和重复建设问题长期存在的原因》，《经济研究》，2004 年第 6 期。

[274] 周勇、李廉水：《中国能源强度变化的结构与效率因素贡献——基于 AWD 的实证分析》，《产业经济研究》，2006 年第 4 期。

[275] 周勇、林源源：《技术进步对能源消费回报效应估算》，《经济学家》，2007 年第 2 期。

[276] 左大培、杨春学：《经济增长理论模型的内生化历程》，中国经济出版社 2007 年版。